U0929257

中國印象

商业展示空间

陈卫新 编

辽宁科学技术出版社
· 沈阳 ·

目录

索引

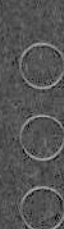

前言

以“中国印象”为题，编一套书是困难的，就像我们用语言去形容一件宏大的事，很难找到词语间一一对应的准确关系。挂一漏万，在所难免。

印象，是模糊的、笼统的，并不来源于科学的计算。那些接触过的客观事物在人的头脑里留下的迹象，又总是指引着我们的设计观，影响着我们的生活。如果说，一定要用一个词贴切地描述这种“中国印象”，我想这个词就是东方艺术观的本质——写意。我们无法回到过去的语境谈写意，也无意将传统标签化、图式化，我们只能说这里集合呈现的是不同的文化背景、生活经验、个人爱好、项目需求下的中国室内设计作品，本身就是现实生活中时空交错的“中国印象”。

“中国印象”来源于生活。随着时间的变化，我们认识事物的角度与深度都会变化，或者越来越靠近，或者越来越疏离，只有“印象”会一直存在，成为一种有象征性的连接祖先的感受。“中国印象”就是这种感受的表达与传递。这种感受的多少、深浅并不依赖于物理空间上真实的远近，也许来源于视觉经验、来源于童年记忆，只是一团坚定的、向好的意象，是一种“人在旅途式”的心理依靠。从古至今，从文学、绘画、建筑、习俗、戏曲中看去，似乎每一个中国人都是在移动中的。战争、移民、商贸、学仕、贬离、流放，影响人一生的东西实在是太多了。人的一生可以跌宕起伏、经历丰富，但也可以非常的简单平常。古代文人对于日常生活审美化的追求，是由时代精神、政治模式、生活空间，甚至经济状况的改变而促成的，是时代的必然。李泽厚先生曾经认为，整个宋代“时代精神不在马上而在闺房，不在世间而在心境”。诗意的审美态度从来就不是抽象的，文人在日常生活中的审美需求，不期然间成了一种伟大的集体自觉。

“中国印象”来源于情感。中国人讲究“安居乐业”，有了住所，有了空间，便不再流离，可以往来酬酢，可以闭门素居。总之，以一个空间换来了内心深处的踏实。显然，这种中国印象不是偶然的，不是主观造作的，恰恰相反，它来源于传统，来源于生活中的情感。古人在“流动”中，从来没有放弃对这种空间感受的写意表达，唐代王维的终南山“辋川别业”可以说是私家园林之发端，是个人情趣与自然山水相互触发的结果。这种山居生活对王维的影响是显然的，王维擅长山水画，并创造了水墨渲淡之法。他说：“夫画道之中，水墨最为上，肇自然之性，成造化之功。或咫尺之图，写百千里之景。”这种“质”的发展，在于对自然山水体势和形质的长期观察、概括与提炼，这是空间带来的最直接的感受。王维有佛心，诗境、画境只是表达而已。在他的作品中，经常可以看到小中见大，从已知景象感知无限空间的审美经验。这其中通汇了灵魂深处情感的终极追求。从建筑或造园的意义上来说，他把自然景境中的虚实、多少、有无，按照人的视觉心理活动特点，形象地表现了出来。这也成了后来建筑造园、山水绘画及至当代禅意空间设计等思想方法上的一个基础。李泽厚先生有一个判断，古希腊追求智慧的那种思辨的、理性的形而上学，是狭义的形而上学。而中国有广义的形而上学，这就是对人的生命价值、意义的追求。古希腊柏拉图学园高挂“不懂几何学者不得入内”，中国没有这种传统。中国印象更多地来源于中国人的价值观。李泽厚在提及“审美形而上学”时说：“中国的‘情本体’，可归结为‘珍惜’，当然也有感伤，是对历史的回顾、怀念，感伤并不是使人颓废，事实上恰恰相反。”

“中国印象”来源于书画。中国的空间营造与诗文绘画是非常紧密的。唐宋间的绘画，多有建筑山水体裁。画者在其中常常流露出对于人居与自然关系的认识，对于故乡虚拟性的表达成为一种常态。有学者曾提出，传为李思训所做的《江帆楼阁图》应该是一组四扇屏风最左一扇，而非全图。这也许就是一种“历史的物质性”。似乎中国人的建筑一定是在自然山水中的，空间由此有开有合，有迎有避。立足处，即怀思起兴之所。建筑的门窗，室内的落地画屏，使空间的分隔更加灵活多变，居住的功能分配与自然山水地形地貌结合度极高。唐宋的绘画史记载过大量的画屏，这些可称为“建筑绘画”的作品大都已消失了，许多研究者发现若干经典作品首先是作为画屏而创作的。这样的画屏，是建筑空间中的“隔”，是目光远去之间的参照物，而其中绘制的建筑以及建筑远处的山水，与现实中的建筑山水形成了一种递进。在这种递进中，建筑本身作为一种审美记忆的情感，也渐渐地成了绘画艺术中的经典。文人乡愁似的山水画在造型上追求“简”，那些画中的林木萧疏，简笔行之，点皴率然，远山逶迤似逐日而去，空气清冽湿润，盘谷足音尚在。

“中国印象”来源于诗文。苏轼在《定风波》中写过，“常羡人间琢玉郎，天应乞与点酥娘。自作清歌传皓齿，风起，雪飞炎海变清凉。万里归来年愈少，微笑，笑时犹带岭梅香。试问岭南应不好？却道：此心安处是吾乡。”这样的故乡就是不在世间，而在心境。安妥的情感是传承至今的一种文化现象，是人与自然的关系，更是人与人的关系。古人心中的空间概念具有无法替代的神圣性，虽然它并不那么确定。这种有关于印象的“当代性”已不局限于某个特定时期，而是不同时代都可能存在对于生命本源的主动建构。放至当下，也许还意味着人们对于“现今”的自觉反思和超越。人生易老，岁月不居。《红楼梦》里写建筑，常常是实中有虚，虚中有实的。造园之法，即动静之法。中国园林是以文造园的，大观楼是大观园的主楼。“镜花水月”是太虚幻境的一次落实，这种静中之动，是微妙的，也恰能动得人心。贾政与一众清客为大观园中的亭子取名，以水为倚，宝玉取“沁芳”为名，让贾政拈髯点头不语。周汝昌先生按语：“‘沁芳’是宝玉第一次开口题名，仅仅二字却将全园之精神命脉囊括其中。既不粗陋，更显风流，不愧文采二字。”植物与大观园各处人物皆有对应之处。怡红院有花障，更显幽密。有活水源流，花团锦簇，玲珑剔透。有富贵闲人的气息。潇湘馆，前种竹后种芭蕉，清雅，有书卷气。探春的秋赏斋，描绘最为细腻。小园里前种芭蕉后栽梧桐，有其命运的潜兆。室内布置极大气，有黄花梨的大案，豪华的拔步床，充满了士大夫的气息。从符号学的体系来审视，《红楼梦》无非是“归空”与“还泪”两个主题。应该说，每个人心里面都有一个红楼梦，都有一个大观园。这就是典型的“中国印象”，对于室内设计来说，无论是静态的，还是动态的，在更新的方式出现以前，“新古典”与“解析重构”提供了当代设计表达的两个主要渠道。

好设计师一定善于写意，“中国印象”是每位设计师随身携带的遗传基因。我们尊重这种遗传基因的差别，不会因为他们作品的差异而排除其中的一部分。站在中国室内设计的某一处路口上，我们未必能看见很远的地方，但一定要知道我们从何处来。这是编辑这套书的初衷，对于每一位设计师来说，设计作品就是生命与时间的互证。

陈卫新

〇〇〇

家具家居

得其意，忘其形

百顺红木展厅

工程档案

项目地点　中国，广东，汕头

竣工时间　2015年

设计单位　汕头市博一组设计有限公司

主设计师　郑少文、林锡枝

项目面积　150平方米

摄影师　邱小雄

主要材料　白色外墙漆、波浪板、塑胶地板、墙纸

14425

5090　750　8585

7850　5800　750　1300

7850

5780　4000　4645

14425

1:50

家具展厅平面图

设计理念

本设计将禅意美学设计手法融入空间设计中，以其简朴、舒适、随意的特点给人很强大的吸引力，注重空间的简素之美。同时在空间设计上也融入苏州园林的景致设计，既不过度地修饰空间，又能让人感受到置身大自然园林中的舒畅与惬意。

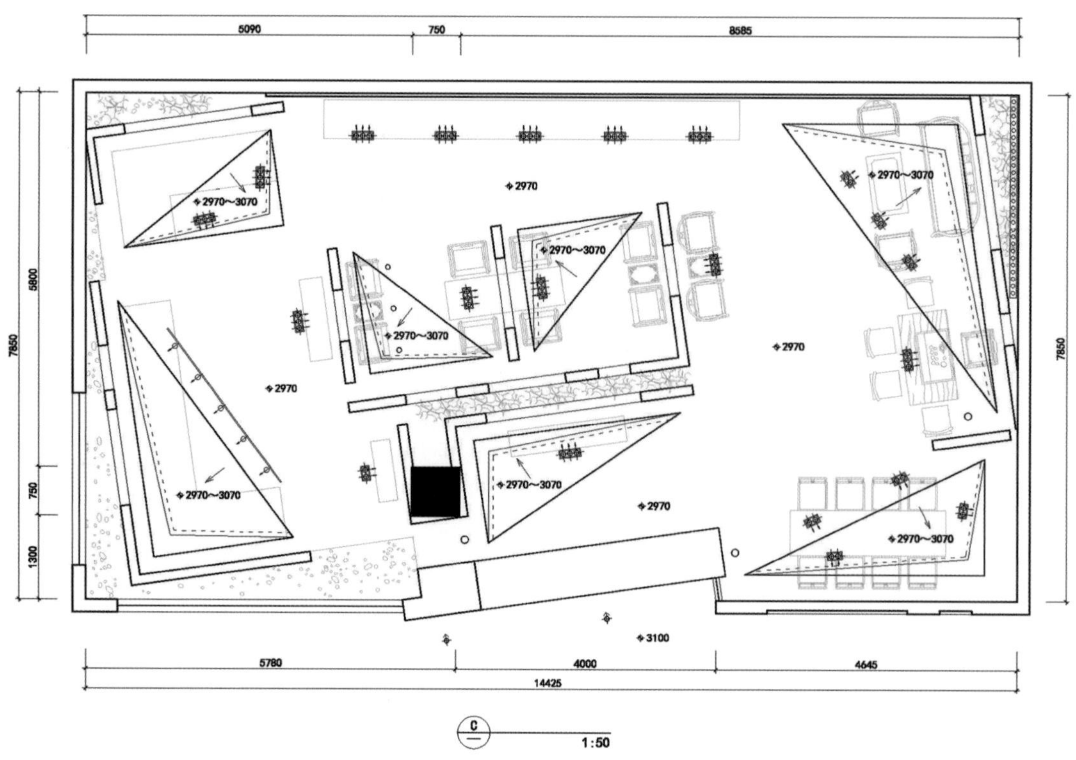

家具展厅平面图

设计说明

禅意空间以其简朴、舒适、随意的特点给人很强大的吸引力，注重空间的简素之美，在室内设计中设计师都酷爱用大自然的素材，如木材，因为木材是有生命的，以求保持原木的素色和清晰的纹理，这样可以体现一种禅意的趣韵。设计师在考虑百顺红木展厅空间布置时，正是听从内心的真实声音，将禅意美学设计手法融入空间设计中，得其意而忘其形。

百顺红木展厅主要展示和销售高档原木家具，该系列家具优质美观、极富艺术创造力。设计师为了能更好地借景托物，在空间设计上融入苏州园林的景致设计，既不过度地修饰空间，又能让人感受到置身大自然园林中的舒畅与惬意，让身心自由呼吸。

入口大门采用嵌入式设计，立体效果尽显凹凸有致。展厅外墙体采用白色漆，搭配局部墙体白色波浪板的粗犷造型嵌玻，充盈着一种独特的艺术魅力。简约的玻璃幕墙，透视百顺红木的件件精品。

多层次的漏窗隔断，借景、隔景、造景让空间极具神秘气息。通过一陶罐、一枯枝、一木头、一石一缝，既可远观又可近赏，将东方宁静内敛的禅意设计风格慢慢地清晰浮现。

设计中的禅意展现大多运用大自然原生态的元素，不刻意不造作，意在体现一种质感和朴素无华的风格。设计师对整个展厅的墙体采用白色漆，白色通常是最简单的底色，搭配局部墙体白色波浪状凹凸的粗犷造型墙，不但充满了诗意，而且充盈着一种独特的艺术魅力。

不得不说设计理念是作品的灵魂，当禅的意趣与设计艺术碰撞后，便能创造出灵性的设计作品，有意无意间犹如进入画的意境。

竹林『栖』贤，长河『留』沙

大家家居厦门店设计

工程档案

项目地点 中国，福建，厦门

竣工时间 2015年

设计单位 上海善祥建筑设计有限公司

主设计师 王善祥

设计团队 王善辉、李哲、李斌

项目面积 983平方米

摄影师 胡文杰

主要材料 乳胶漆、木饰、墙纸、实木复合地板、水泥地坪、玻璃、石子、不锈钢镀钛

平面图

澳珀展区

HC28 展区

dcf: home 展区

多少家居展区

接待收银区

景观带

日本饰品

毯言织造展区

设计理念

本设计采用了竹林的概念，营造一种场景感。空间划分为公共区和品牌区，贯穿于公共区的是一条枯山水的沙河，在将公共通道与品牌展区略做分隔的同时，又通过石板桥、汀步将之联系了起来，渲染了小桥流水的诗情画意，也暗喻了一条家具史的长河。

TRY
IT
试睡间
不多
BU
DO

设计说明

今天的市场，很多行业都在重新整合、联合、组合，家具业也在这样不断地更新。大家家居是由三位年轻家居经营者创立于厦门的家居品牌。创立之初，整合了多少、澳珀、AFC、HC28、毯言织造等国内、国际著名原创家居品牌，另有多家日用工艺品牌。

第一家店选址在靠近环岛东路海边的一个综合商场里。大家家居强调的是体验式的品牌店铺。除了强调现场体验，大家家居还专门集合具有当代中国、东亚风的产品类型。随着中国传统文化的复兴，外来文化的融入，这一趋势已成为当下一大主流，方兴未艾。作为一种类型的梳理，大家家居有着清晰的品牌文化定位，同时，还必有保持高格调。因此，“大家”两个字，不但具有“大家伙儿”的亲和感，还有“大家风范”的高品位。

在店面设计上，设计师为表达品牌文化的空间形象，确定了竹林“栖”贤，长河“留”沙的情境主题，试图营造在竹林内藏有村镇人家的画面意境。店面是商场内两块相邻的面积，门头采用了竹林的概念，隔着铜管制作的“竹林”望向店内，营造一种场景感，在公共区与各个品牌区域也有“竹林”相隔。但是在实际实施时，与业主、品牌商之间有些争议，“竹子”数量减少了很多，效果有所弱化。两个模拟了类似平民柴门但又有大户院门斗拱意象的入口，勾勒出了一丝写意水墨画的意境。

本方案由设计师进行整体店面的规划及公共部分的设计，四个主要家具品牌则由自己的设计师和主设计师共同设计，相互融合。

几个主要家具品牌设立了较为独立的展区。其他小型日用、饰品等展区则布置在了入口、通道等区域，与家具区隔“河”相望，相映成趣。丰富多彩的小产品如同小集市，家具展区则像是街边的住户人家。家具区内除了模拟家居的客厅、餐厅、卧室等场景外，还各自设计了一间独立的会议室，这是为了将来有带客户来选购家具的设计师和业主沟通交流时使用的，提供服务的同时，也更深入体验家具。

整体设计主要是控制共性场景特色，同时，在共性基础上留出各品牌的个性发挥空间，从而共同营造一种属于“大家”的风格。

青岛小白房

多少家具青岛店设计

工程档案

项目地点 中国，山东，青岛
竣工时间 2015年
设计单位 上海善祥建筑设计有限公司
主设计师 王善祥
设计团队 王善辉、李哲、多少家具
项目面积 225平方米
摄影师 胡文杰
主要材料 乳胶漆、橡木、墙纸、实木复合地板、水泥砂浆

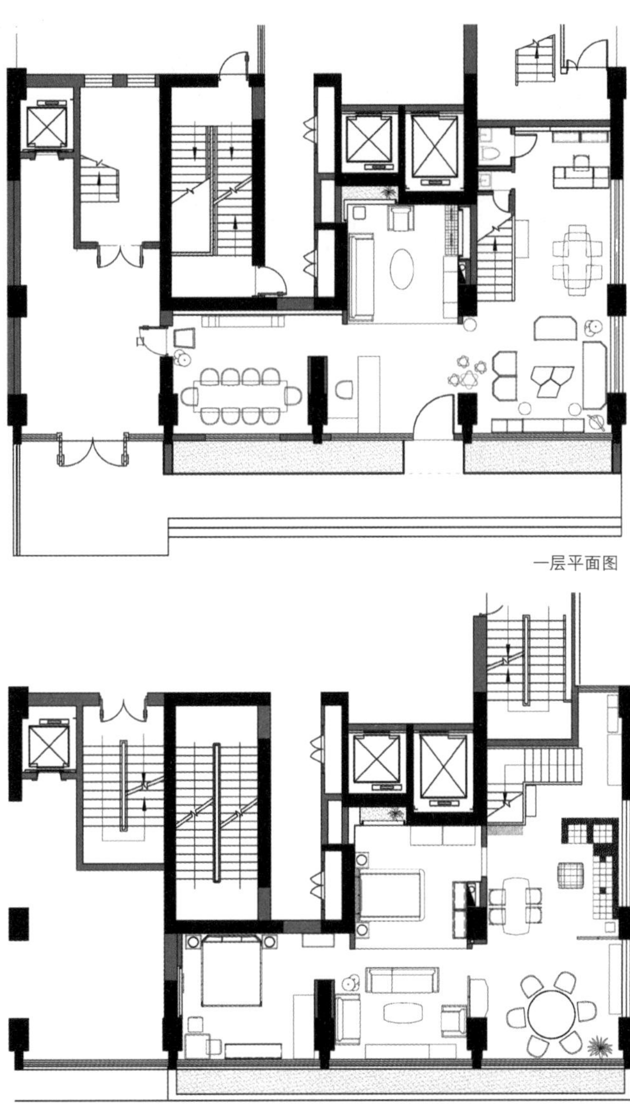

一层平面图

二层平面图

设计理念

本设计在上下两层的关键区域各设置了多少家具空间的标志性符号——小白房，简练、独特的符号被作为所有连锁店的点睛之笔，画面情境油然而生。采用了浅暖灰墙纸，与低调的地板一起为空间奠定了温暖、内敛的基调。局部墙面、柱子等部位采用了本色水泥墙，流露出品牌沉稳和质朴的性格。

设计说明

多少家具是由著名家具设计师侯正光先生创办的品牌，主要设计生产和销售具有当代中国文人气质的原创家具及家居用品，以实木居多。目前在全国已有多家店面，这是位于青岛的一家。

店址在青岛市北区合肥路与台柳路的交叉口，那里是万科城东京街区，安静、高雅的新社区，给人感觉十分欣欣向荣。空间坐落于群房一、二层的独立店铺，门前有个小广场，与道路有个缓冲，建筑的退让显出了社区的风度，融于这种社区氛围是店面空间必须做到的第一步。

作为连锁店，项目延续了多少家具空间的主要视觉元素和材质。外立面以简朴的手法，采用了粉刷水泥外墙，耐用并且朴实无华。门面上部安装了一个以白色为主的灯箱，上面有经过现代设计处理的《富春山居图》片段，表达了多少家具向中国传统文人文化致敬的态度，清新的门面，也为门前的小广场增加了一丝书卷气。用最低调、经济的手法表达外在形象的当代文人情愫。

室内主要墙面沿用了专用的浅暖灰墙纸，与低调的地板一起为空间奠定了温暖、内敛的基调。局部墙面、柱子等部位采用了本色水泥墙，流露出品牌沉稳和质朴的性格。在上下两层的关键区域各设置了多少家具空间的标志性符号——小白房，简练、独特的符号被作为所有连锁店的点睛之笔，画面情境油然而生。为打破墙面材质的单一与沉闷，空间设置了两面能透灯光出来的仿羊皮纸墙，使墙体有了一种灵动。夜晚也能透过落地大窗给路上的人带来一些视觉吸引。所有空间元素也都没有任何与家具抢夺眼球的过分炫耀。衬托了以胡桃木为主的家具用材。

楼上与楼下空间基本相同，为使人上楼后不感到重复，但又要统一，作为标志性符号的小白房，也只能设置在相同位置，但是把入口和开窗部位做了不同的变化，使之不感觉重复。局部点缀的竹帘屏风也将上下层空间分隔做了少许差异。

ALMOND
BUTTER
COOKIES
AMBER
BOB
COLLECTION
A LA MODE
BLUEBERRY
COBBLER

工程档案

项目地点　中国，浙江，杭州

竣工时间　2015年

设计单位　陈飞波设计事务所

主设计师　陈飞波

项目面积　500平方米

摄影师　刘宇杰

主要材料　水磨石、水泥、橡木板

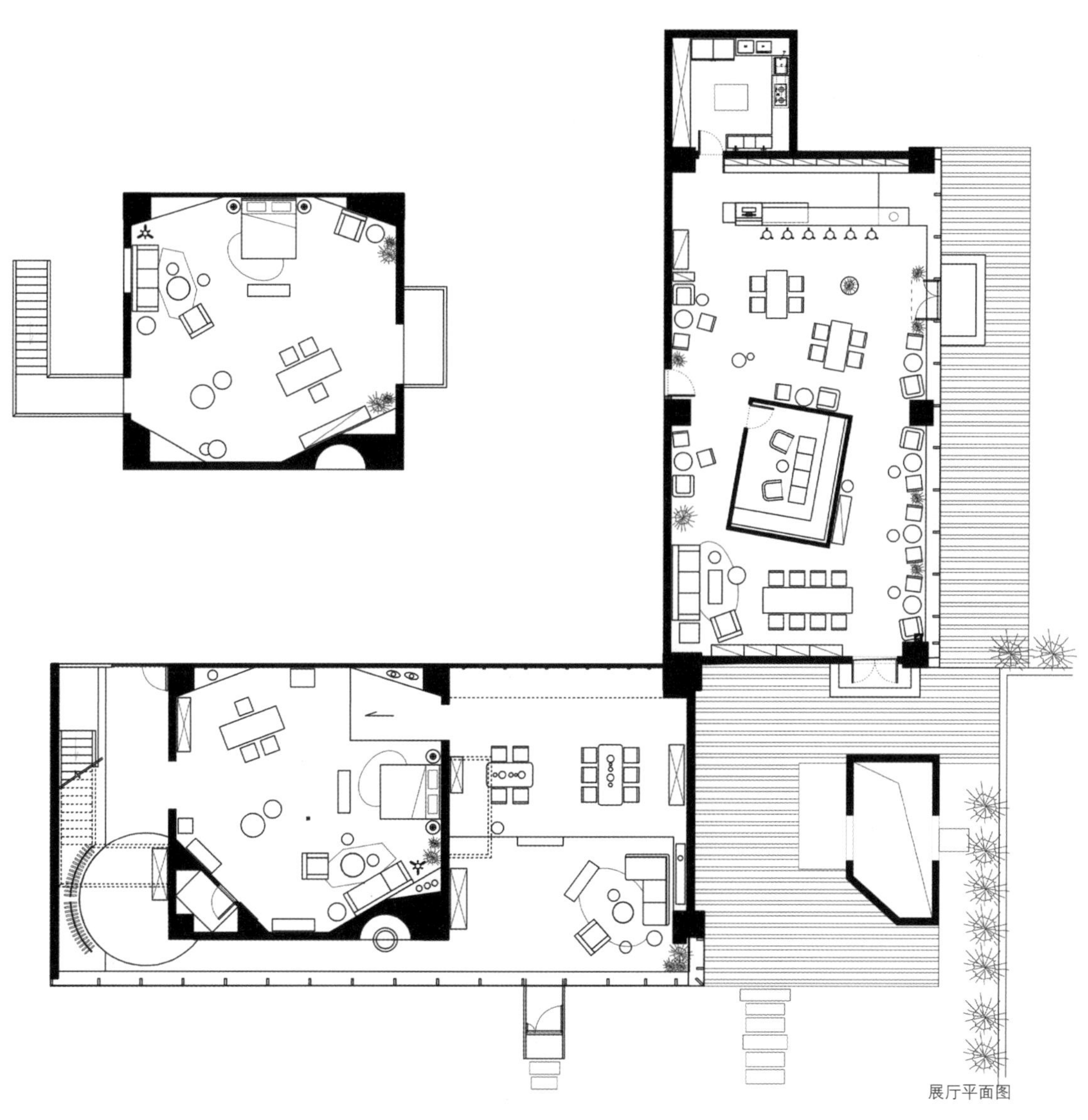

展厅平面图

设计理念

本设计国际感十足，明亮的空间内，各式的餐桌与货品错落有致地分布着，造型相异又恰如其分。每一处看似随意的陈列，都是设计师久经推敲的成果。整体朴素的色调旨在平衡空间与物品的颜色，以衬托物品的特性，呈现最佳的展示效果。

1

设计说明

ABC Space 是集家具零售和艺术展览为一体的多功能空间。在国际感十足的空间设计中，大面积的灰色水泥墙架构起内部空间，内侧墙面则采用了极具原始感的裸砖，两者相得益彰。整体朴素的色调旨在平衡空间与物品的颜色，以衬托物品的特性，呈现最佳的展示效果。

入门一侧，设计师用长达十几米的落地玻璃将室内外的光线融为一体，四季变幻的景致与各色的物件相映成趣，弥漫着自然的生气。

地面以灰色为主调，又巧妙地缀以时尚明快的黄白两色，不同形态的水磨石拼接出经典的黑白格、斜纹斑马线，又嵌以六边形陶砖。这些简单而耐人寻味的元素，赋予了空间更大的包容性，无论是来自世界各地的设计产品，还是不同时期的物件，都能够在这里找到短暂的归宿。

设计师突破了一般零售空间的商业化布局，在层高近 7 米的空间内取其一部分，打造了一个两层楼的复式结构，整体分别以台阶、下坡、楼梯、通道连接各个内部空间，通过制造行走其中的“跌宕起伏”感，为顾客提供了一种逛街的真实体验。

二楼的内部空间同样将功能性和审美度达到高度的统一。沿着木质楼梯拾级而上，左侧的不规则镂空墙面将视线引入室内，原本方形的墙面采用了斜切面的处理手法，在增强展示效果的同时，又丰富了视觉感受。

而在二楼尽头，设计师别出心裁地打造了一个伸向外部的露台，进一步强化了顾客的逛街感受，从此处向下俯瞰，可以发现，直通屋顶的中空空间并没有过多的修饰，给未来的艺术展览、社交聚会预留了更多的可能。

值得一提的是，设计师在相邻的展示空间内融入了咖啡馆的设计，顾客在“逛街”选购货品之余，也可在此度过悠闲的咖啡时光，或是享用美好的一餐。明亮的空间内，各式的餐桌与货品错落有致地分布着，造型相异又恰如其分。每一处看似随意的陈列，都是设计师久经推敲的成果。

最孤独的下午茶

尖叫实验室

工程档案

项目地点 中国，上海

竣工时间 2017 年

设计单位 Wutopia Lab 工作室

主设计师 俞挺

项目建筑师 鲍勃胡

项目面积 180 平方米

摄影师 艾清、史凯程（清筑影像）

主要材料 欧松板、亚克力、硅酸钙板、碳化木地板

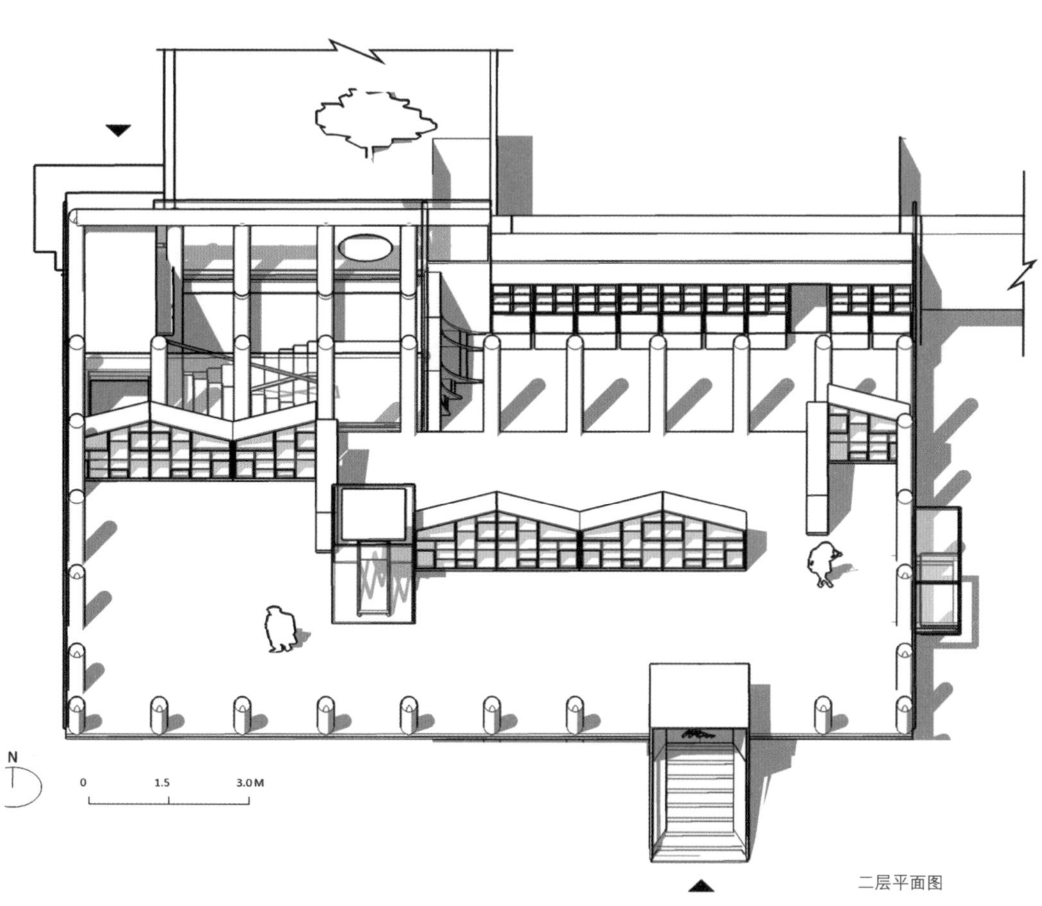

二层平面图

设计理念

尖叫实验室究其本质首先就是个家具展厅，建筑师用家具去创造了一个微型城市。建筑师设计了三组固定家具，通过家具的组合可以按需分隔成不同的区域，就如传统中国空间里的屏风，这就是家具重新定义场所。设计打破了传统的牢笼式的设计，使整个空间更加开放，同时拥有独立思考的空间。

设计说明

建筑师找建筑师设计

著名建筑设计公司联创的老板薄曦希望把 UDG 联创上海设计谷里的一个前身是健身房的场所改建成尖叫实验室，尖叫是薄曦创立的家居电商，这个实验室就是尖叫的线下体验店。为什么一个有着成百上千建筑师雇员的建筑师去找一个非典型建筑师来设计他精心培育的跨界新品牌？按照薄院长的讲法，被称为上海地主的俞挺，本身具有公共性和生活性，这是尖叫实验室这个生活品牌所需要的。

任何室内设计都要去刺激城市公共空间

健身房现状就是一个玻璃盒子。透明玻璃制造了一个开放的幻觉，但其实是牢笼，设计师决定去打破它。他把尖叫实验室看成一个可以成长的复杂系统，它需要突破自己的边界。首先，在南侧设置了一个标志性的入口，直接将南侧主路人流截留进入实验室。其次，保留北侧的入口。再次，在利用固定家具分隔开展厅和办公区后，保留两者之间的联系过道。在东侧用一个悬挑的透明玻璃空间打破建筑界面去接近东侧树林。最后设计师审视了建筑的屋顶，决定设计一个微型的中庭，在里面安放一个升降梯，就可以突破天花占据屋顶，俯瞰控江路。

一个室内可以是一个微型城市

尖叫实验室究其本质首先就是个家具展厅，建筑师决定用家具去创造一个微型城市。这个城市由广场、商业街、露台、电梯、大台阶、街道立面、天际线以及一些边缘空间组成。建筑师试图用家具的设计和组合来实验《建筑的模式语言》的某些结论。

表现主义的幽灵

白色能把所有不好的东西反射而创造一种纯洁，黑色则是吸收所有的不好而创造一种诱惑，这点令人着迷。尖叫实验室 LOGO 的基色是黑和明黄，于是设计师就这两种颜色去塑造室内的基本背景。最后在房子的背面有个多余的小角落，呼应室外鲜艳的绿色，用红色一刷了之。

半透明

建筑师设计了三组固定家具，第一组是用半透明亚克力作为背板的柜子来表达街道连续立面和城市天际线。建筑师在最近一系列作品中连续试验界面的半透明，他注意到借助光线可以使得界面封闭，也可以因为影子消解质感而半开放，这样的界面具有多义性，建筑师其实希望城市界面也能如此。

家具可以重新定义场所

设计师把亚克力柜子设计成一个有三角形顶部的单元，这些单元通过组合可以按需分隔成不同的区域，就如传统中国空间里的屏风，这就是家具重新定义场所。第二组固定家具是展厅和办公的隔墙，家具的翻板和暗柜收拢时，它就是常见的兼做隔墙的壁柜，当暗柜移出，翻板打开，这就是一个展示区。第三组家具是第一组第二组家具限定后形成的所谓商业街的尽端，它是个展架，也是个休息座，更是立面。然而这是不够的。薄曦在全透明的悬空玻璃房上放了一把阿尔瓦·阿尔托送给木匠的原型椅，这把被木匠自作主张刷上红漆的椅子就把玻璃房重新定义成一个人发呆和思考的场所，坐在这里，室外绿树几乎伸手可得，让这个空间可以脱离主体空间而完整独立地存在。

全上海最孤独的下午茶

最后设计师请求薄曦在升降机上放一个椅子和茶几。这样的交通空间可以被定义成移动的休憩空间。当平台缓慢升出屋顶，玻璃天花仿佛水面映射着自己，这是一个可以短暂失神的时刻，设计师想，这如果可以是一个人的下午茶，那该是多么孤独啊。薄曦贴心地选用了乔尔根·霍夫尔斯科夫 (Jorgen Hovelskov) 的竖琴椅。当人们看到那椅子缓缓从屋面升起，仿佛看到一首赞歌。

犹抱琵琶半遮面

德国Rational橱柜福州展厅

工程档案

项目地点　中国，福建，福州
竣工时间　2017年
设计单位　大成设计
主设计师　林开新
参与设计　高华辉
项目面积　300平方米
摄影师　吴永长

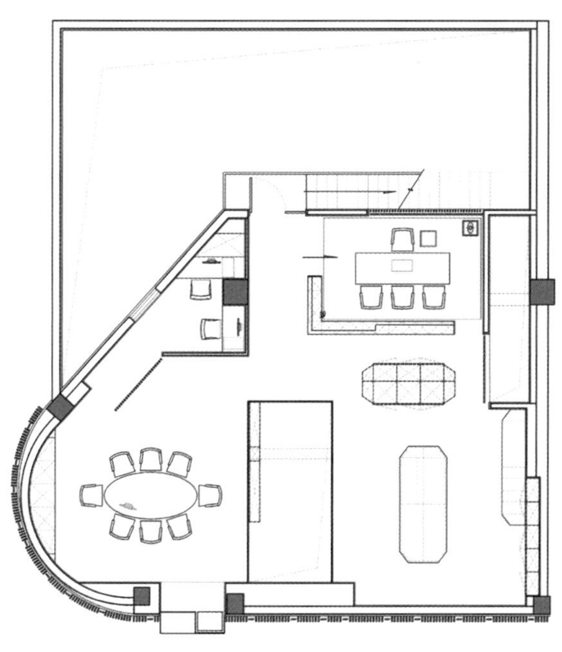

一层平面图

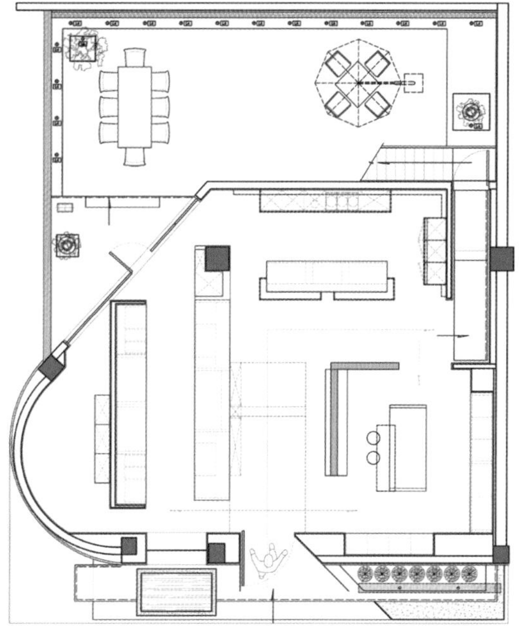

二层平面图

设计理念

在设计上，采取“改造”和“神秘”的策略，汲取了西方严谨的工业技术，将东方特有的气韵与态度融入其中，探索当下人的精神生活需求，诠释了一个通“东西”的设计作品。设计着重打造空间的层次感，从“压迫”到释放、从隐到显，有张有弛，给人带来耳目一新的路径体验。

设计说明

古有巧匠，“能以径寸之木，为宫室、器皿、人物，以至鸟兽、木石，罔不因势象形，各具情态”，世人皆称技亦灵怪矣哉！今有“德国制造”，凭借心无旁骛的工匠精神成就制造之魂，引领世界工业技术的潮流。

Rational 橱柜便源自德国，新展厅落址福州东二环，设计师林开新受邀操刀设计。他坚持汲取西方严谨的工业技术，潜心研究设计的表现语言，将东方特有的气韵与态度融入其中，探索当下人的精神生活需求，诠释一个通“东西”的设计作品。

历经数月改造，原来的破败小餐馆完美蜕变，犹如一只火凤凰，在大火之中涅槃，从灰烬里重生。

在设计上，采取“改造”和“神秘”的策略，在维持建筑原形的同时，林开新另辟蹊径，舍弃全玻璃幕墙，利用黑灰色的铝格栅，配合简洁外墙，将建筑牢牢包裹、封锁。勾起外人欲窥探而无法满足的悸动，又保证墙内人将聚焦点完整留给产品。

林开新以现代且崇尚精密质量的德国工艺为出发点，别出心裁地将 Rational 入口打造成一个斜面的盒子。神秘的深黑搭配素雅的高级灰，带来庄重且强烈的仪式感。从商业角度考虑，门面外大内小呈环抱状敞开，又有迎八方客的寓意。

Rational 门口熙攘，大门左侧规划约一平方米的水景，不仅优化了景观，还是很好的隔绝带，防止往来之人窥视房子里的动态，细微之处见真章。

室内原是独立的两层空间，设计师制定了优化方案，打通楼层挑高加倍，制造出入口处极狭，而后豁然开朗的空间层次。这种局部促动、空间极度压缩后又突然释放的手法，层层递进，颇有古人“犹抱琵琶半遮面”的美感。

为了打开上下层空间，结构梁被迫显露，林开新巧妙地采用镜面设计，看似无奇的镜面映射不同形态，带给日常生活调皮的光影与浪漫，令原有的建筑缺点变成了闪光点。

陈设架从二楼延至一楼，丰富了空间的视觉体验，也勾起来者对二楼空间的无限猜想。同时，暖色系打破黑白灰的素净，拉近人与空间的距离。陈设架上摆放着不规整的生活器皿，无形中传达出当下人的生活态度，展现舒适的生活形态。

陶渊明在《桃花源记》写道：“林尽水源，便得一山，山有小口，仿佛若有光……复行数十步，豁然开朗。”展厅的设计有异曲同工之妙。主干右转，忽见一面白墙，看似尽头，实则暗藏玄机。顺着光的指引，进入狭长过道，曲径通幽，沿着阶梯拾级而上，直通上层别有洞天！

林开新善于打造空间的层次感，从“压迫”到释放、从隐到显，有张有弛，给人带来耳目一新的路径体验。

二楼楼梯口是品茗区与体验区所在，在这里来访者可亲自上阵，泡一壶好茶，抑或烘烤一份点心。茶气氤氲之间，体验西方精湛的工艺作品，心怀一分舒缓，感受宠辱不惊看云卷云舒的惬意。设计，让厨房不再是单一的烹饪功能，而是交际与沟通的多功能场所。

光是设计中的重要题材，在展厅中设计师同样不遗余力地发挥其奇妙魅力。自然光小心翼翼地通过格栅柔和的渗入品茗区，室内的人既能享受光线的朦胧之美，又看不清室外万象，聚焦点留给产品。

封闭墙体的南向精心布置了一个开口，唯一一个俯瞰外界的窗口，让阳光在沙龙区来一场美丽的邂逅。阳光的变化是极其丰富的造型语言，朝夕变化、四季更迭，在沙龙区谈古论今话英雄、说天地，感受风起云涌、星空变化。无论外界如何喧嚣，进入这里“偏安”一隅，就宛如置身全新世界。

林开新坦言：“设计是在解决问题，不仅是解决商业行为问题，还有人的体验问题。在浮躁的市场背景下，融合西方严谨与东方气韵的生活理念植入产品中，倡导当下的人回归舒适的生活方式。”

谈及作品最成功部分，林开新莞尔一笑，“当成果交付，业主不单把作品视作商业用途，还是个人生活的重要部分，带给他们交际、体验与趣味性，足矣。”

从材料到建筑演化

英良石材档案馆及餐厅

工程档案

项目地址 中国，北京
竣工时间 2016年
建筑设计 时境建筑
主要设计师 卜骁骏、张继元
设计团队 覃凯、李振伟、杜德虎、刘同伟
结构机电 经杰、李哲、李伟、成明
景观建筑师 卜骁骏、杜德虎
客户 北京天成英良石材有限责任公司
项目面积 472平方米
摄影师 时境建筑

一层平面图

1. 展示区
2. 接待大厅
3. 花园
4. 餐厅
5. 厨房
6. 咖啡厅

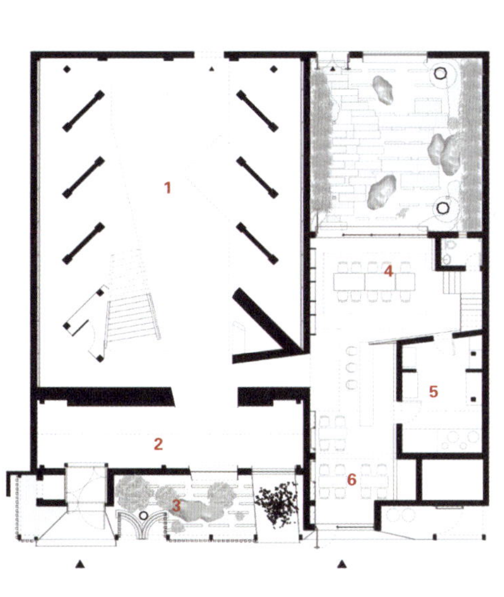

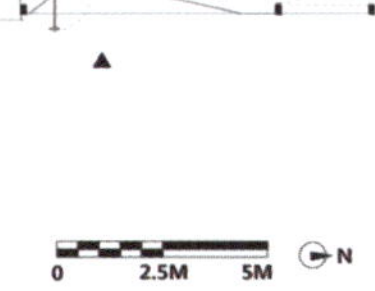

二层平面图

1. 展示区
2. 花园
3. 餐厅

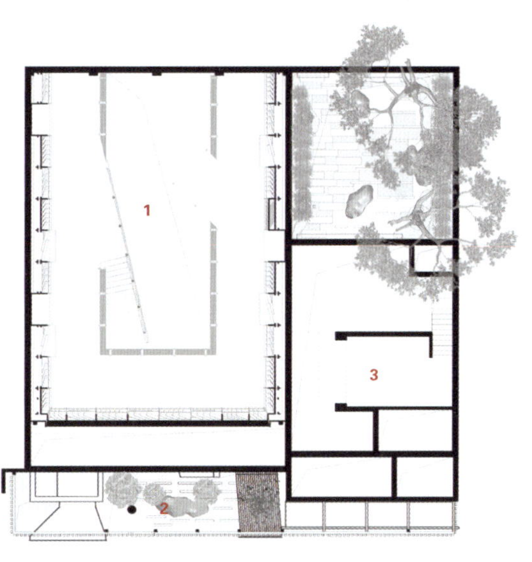

设计理念

该设计通过一些成角度的平面切割整个空间，形成划分最基本的功能空间的界面，接着抽掉空的部分形成交通空间，留下实在的部分容纳所需的功能——展览、会议、档案等。材料本身的工艺影响了建筑空间逻辑的形成，而空间又成了材料本身表达的舞台。通过设计崭新的建筑构造从而使得建筑层面的空间与细部层面的材料相互交织、相互诠释着对方。

设计说明

这是一个废旧厂房改建项目，业主想通过这个项目的落成提供一个小型的石材展示馆和餐厅等配套设施，一方面可以向公众展示不同的石材品种和加工工艺，一方面能够提供一个与设计师交流的场所。

石材是人类最早最广泛使用的建筑材料之一，人类使用石材的历史和开采、加工工艺既古老又崭新。石材作为建筑材料本身往往代表着真实、庄重、工匠精神，而在现代工业新的加工方法中，石材变得愈加轻薄、光洁以迎合轻便、整洁的安装需求，石材在这个逐渐二维化的转变中慢慢失去了其本身的力量感和精神性，也越来越轻易地被其他人工材料所取代。

在设计的考察过程中，设计师发现石材工业亘古不变的从自然到人工、从粗糙到细腻的历程中，最为有力的体现了人与自然的角力关系的就是人们使用楔子或钻头连成一道开山面从而将石材一块块从自然山体分离下的一刹那。有感于此，设计师把整个7米高的厂房大厅想象成一个完整的巨石，通过一些成角度的平面切割这个空间，形成划分最基本的功能空间的界面，接着抽掉空的部分形成交通空间，留下实在的部分容纳所需的功能——展览、会议、档案等。而原来那些切割空间的平面则遗留下来成为空间之间的界面，承载了分隔或联系不同功能空间的作用。

这些界面的物质化过程是对石材本身的重新诠释的过程，这些构成界面的石材完全来自回收石材厂的废弃石料，一道由几千个 10 厘米见方的石块形成的透光墙体隔开了这个建筑与街道，在这个界面上，有三个漏斗状的开口，分别是入口、天窗和餐厅窗，这个透光墙体同时还围合了一个庭院；一个倾斜 75° 的入口墙面由石材工业的开山面废料叠拼而成，它给建筑的整体特质定下了基调。在这里，石块上工人的钢钎的痕迹与粗野的石头自然面交织在一起，灯光照射下每一块不起眼的石头都在闪烁着自己的身世；一道连续的由 7 厘米厚的毛石水平向叠拼的屏风墙分隔开一楼的展览、集会大厅和二楼的石材档案区，这两个区域的私密性的不同和展示内容的不同需要这两个空间既要隔离又要互相能够感知对方的存在。

在这个房子里，材料本身的工艺影响了建筑空间逻辑的形成，而空间又成了材料本身表达的舞台。设计师通过设计崭新的建筑构造从而使得建筑层面的空间与细部层面的材料相互交织、相互诠释着对方。钢材与石材组合的构造，其力学能力保证了在保留石材的真实感和工匠精神的同时又能摆脱通常石材构造的刻板形象，通透、悬空、倾斜、弧线被大量的使用在石材与钢材的组合构造中；而钢材的运用也暗示了人类对石材加工工具的主体材料。钢材本身的深灰色对展览的石材样品形成了衬托的视觉作用；而建筑界面上粗糙的回收石材与展览内容的抛光精细石材之间又形成了对比关系——在这里，石材既是展览的对象，又是烘托展览的背景。

小型的餐厅、酒吧和咖啡厅在旁边的一个空间中类似的被几个平面分割开来，这里是设计师和石材商沟通和休息的空间，所以还融合了一个小型的图书墙。在这里，设计师非常关注家具对使用者的感受，几乎用石材为原料重新设计了除椅子外所有的家具，试图展现石材在室内中的崭新的表现能力，一个绵延的织物般的石材铺地将这三个功能融为一体。

售楼会所

III TERRITORIAL
III TERRITORIAL
II REGIONAL
I LOCAL
S

工程档案

项目地点 中国，广东，广州

竣工时间 2016 年

设计单位 广州共生形态工程设计有限公司

设计总监 彭征

设计团队 彭征、谢泽坤、陈泳夏、许淑炘、马英康、朱云锋、李永华

项目面积 884 平方米

摄影师 广州共生形态工程设计有限公司

主要材料 渐变玻璃、铝复合板、艺术漆、强化复合木地板、木饰面

平面图

1. 艺术墙
2. Mr.P
3. 陀螺椅
4. 红蓝椅
5. 集合家
6. 未来之家
7. 星空洽谈区

设计理念

“这是一个创新的复合的商业空间，在这个虚拟社交和互联网经济逐渐占据我们生活的时代里，我们用一个真实的体验性空间来探讨更多的可能，它是生活的、艺术的，也可以是商业的。”

——彭征

该项目尝试用创新的方式来探索全新的一站式购房商业模式。体验中心由艺术展厅、咖啡区、阅读区、生活体验区和商务洽谈区五个区域组成，除了有关地产信息和实体样板间以外，空间中还穿插有各种关于“家”的艺术创作，实现了各个区域体验性与功能性的融合。

TIMING HOME

设计说明

由时代地产倾力打造，知名设计师彭征主笔设计的生活与销售体验中心——时代·家，位于广州市天河区正佳广场六楼，是目前第一家进驻大型购物中心的地产体验馆，项目尝试用创新的方式来探索全新的一站式购房商业模式。

体验中心由艺术展厅、咖啡区、阅读区、生活体验区和商务洽谈区五个区域组成，除了有关地产信息和实体样板间以外，空间中还穿插有各种关于“家”的艺术创作，实现各个区域体验性与功能性的融合。

艺术展厅是人们对时代·家发生认知的所在，本土艺术家冯峰与本土设计师彭征为“时代·家”联手打造的主题创作——生活艺术墙，他们把日常的生活物件和家居用品整齐有序地堆放在一起，比如叠放的家具、纵列的盘子、老旧的黑白电视机等，这些物品产生了意外而又独特的视觉效果，它们将我们的生活方式与生活记忆平面化地并置在一起并艺术地呈现出来，这仿佛就是我们四维生活的二维投影。艺术作品以生活中最寻常的感动，抵御城市生活的快节奏，唤醒对生活最本真的思考。一个家不能没有宝宝，来自泰国的 Mr. P，身高 4 米，体重 350 千克，一个调皮而对世界充满好奇的萌宠，漂洋过海，不远万里来到这里并成了时代·家的小宝宝。还记得电影《盗梦空间》中的那个旋转的陀螺吗？陀螺一直转下去，梦就不会停止。而当柯布鼓起勇气，抱起了他的孩子的那一刻，电影似乎告诉我们是不是梦境与现实并不重要，重要的是你如何去积极地面对生活。

日本新生代建筑师藤本壮介曾说：“未来，我们将生活在什么样的地方？以什么样的方式去生活？人与空间、人与自然、个体与共体之间又将如何？这些最本质的问题与未来都息息相关。”也正是这种对未来的展望与探索，构成了时代·家咖啡区的主要空间意向。同时，开放式的空间设计赋予空间组织的灵活性与多元化，时代·家将创造多种体验方式，包括文化沙龙、艺术展览、学术论坛、商务会议、小型发布会、时装秀等，常态下这里是咖啡厅，但所有家具是可移动的。这其中有一个关于梦想家的建筑互动装置，名为集合家。高2.7米、

Books are the
stepping stones
to human
progress
设计 Design
设计 Design
SHIGERU BAN
LUXURY STORE DESIGN
Corporate Interiors
HOTEL
RSVP
SUPER PLAYER
FASHION INSPIRATIONS
LOGORAMA
B

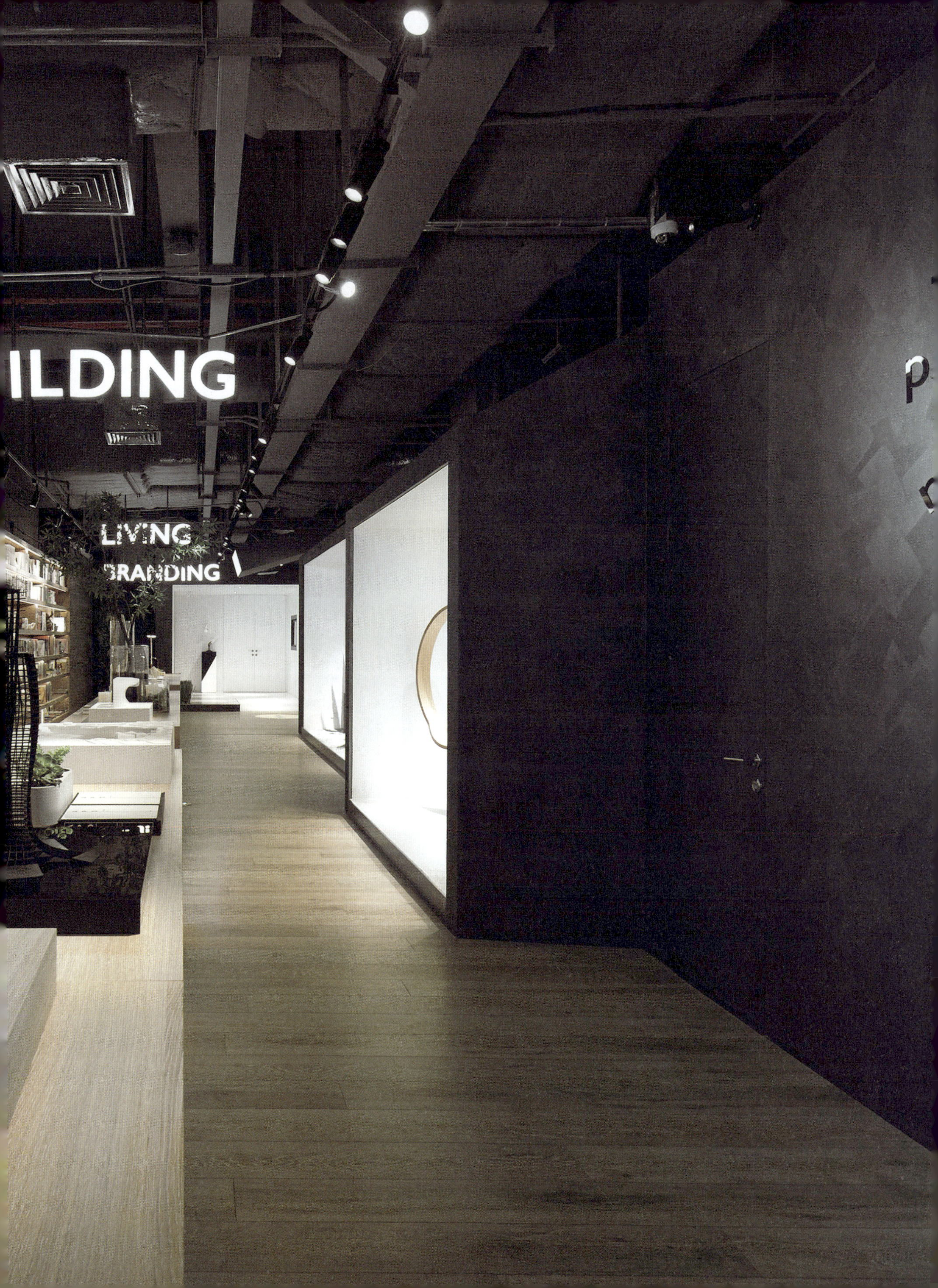
ILDING
LIVING
BRANDING

BRANDING

多层错落组合，关于对生活的创意拼装和对家的无限想象。星空也是这里的亮点之一，多少年来，我们曾一直认为自己是宇宙的中心，我们生活在地球这个家园，并赋予我们仰望星空的使命。爱因斯坦告诉我们，上帝就像掷骰子一样创生了我们，直到今天，我们能从宇宙俯瞰我们的家园，但我们仍然渴望知道，我们为何在此，以及我们从何而来。这里将成为广州的一个新的时尚文化和生活美学的前沿阵地。设计鼓励人们走出虚拟社交，面对面的交流与体验，去感受生活的真实，顾客在时代·家体验生活的同时，还能体验大家对生活方式、生活艺术的分享，使这里成为有活力、有故事的美学空间。

从平面上看，阅读区很难处理，因此这里设计了一条超长书柜，伴有三张导台，可以做艺术品展示，从而成为让人驻足停留的地方。此外，利用样板房的阳台、窗台这些空间也处理成一个个对着走廊的小窗口，通过软装摆设成为有情趣的空间。

商务洽谈区是相对安静的区域，对于有购房意向的顾客可以在这里跟销售洽谈，有一间 VIP 房和一间由活动屏风隔开的会议室。这里还可以作为各类活动的后勤区，组织活动时，会议室的家具移走，搭建成舞台。

作家王小波说："一个人只拥有此生此世是不够的，还应该拥有诗意的世界。"在文字和影像中，人只是另一个世界的旁观者，只有在空间里，才可以成为那个世界的参与者。生活体验区其实就是样板房，这里展示了时代地产的标准化的住宅户型和精装修，通过生活化的软装展示能让顾客零距离的体验，也是真正有关地产产品本身的展示。在这中间，红蓝椅是彭征特意置入的精神所在。100 年前，托马斯·里特维尔德用红蓝椅将荷兰风格派艺术从平面延伸至立体空间，面对烦琐具象的古典艺术，他追求最抽象和最纯粹的艺术。

对于一个商业空间，真正地深入体验，需要创造条件，让体验者停留，"时代·家"让每一个进入空间的人对空间产生归属感，设计让顾客抛弃展示空间的陌生感，真正地去使用，去体验，去认同。对于这样一个空间，我们需要填充的，不只是咖啡和书，更多的还是我们有关这个"时代"，有关"家"的集体记忆、情怀与想象。

佛山保利海德公园营销中心

工程档案

项目地点　中国，广东，佛山

竣工时间　2016 年

设计单位　李益中空间设计

项目面积　1,000 平方米

摄影师　郑小斌

主要材料　沙漠风暴大理石、蓝金沙大理石、火烧面石材、深色木饰面、浅色木饰面、黑色拉丝不锈钢、铜色拉丝不锈钢、布艺硬包、木地板

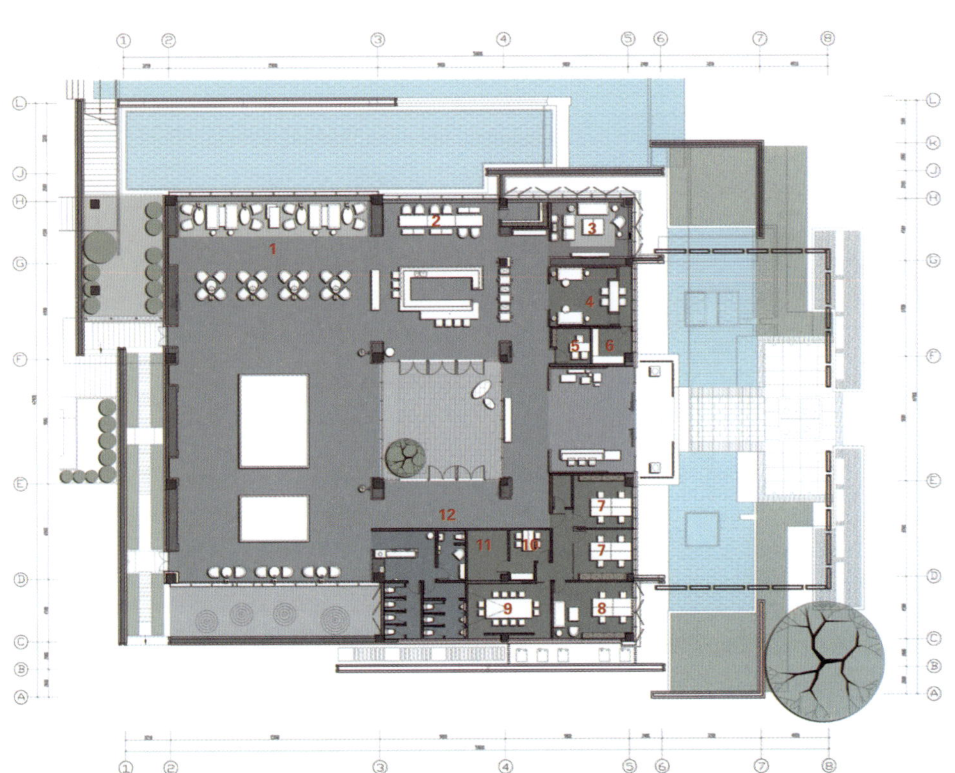

平面图

1. 洽谈区
2. 签约区
3. VIP 室
4. 收银区
5. 物业办公室
6. 资料室
7. 代理办公室
8. 营销办公室
9. 会议室
10. 休息室
11. 储藏间
12. 企业文化展示

设计理念

该项目定位于富有现代东方风格的营销空间，设计中提取了许多具有岭南文化特色的元素。设计延续了硬装沉稳内敛的东方气质，挖掘极具岭南代表性的文化元素，注重把握文化内涵及搭配元素，将传统与现代、东方与西方、民族与世界完美融合，演绎出一个极具人文情怀和东方气质的艺术空间。

设计说明

佛山保利海德公园营销中心位于佛山新城中德工业服务区，属于未来佛山市商务繁华核心。该项目定位于富有现代东方风格的营销空间。设计师延续了硬装沉稳内敛的东方气质，挖掘极具岭南代表性的文化元素，注重把握文化内涵及搭配元素，将传统与现代、东方与西方、民族与世界完美融合，演绎出一个极具人文情怀和东方气质的艺术空间。

佛山，岭南文化的发源地之一。因此，设计师提取了许多具有岭南文化特色的元素。将中式的花格窗元素融入其中，吧台的灯具上方及门把手的造型设计灵感正由此而生。室内的墙面设计灵活运用西关大屋回字门廊边缘的转角造型，再现岭南建筑古韵。

空间的整体色调以咖啡色系为主，多用原木色、米白色，体现了沉稳高雅。设计中搭配了橙色和明黄作为点缀，加以浅灰蓝与之对比，丰富了整个营销空间的色彩层次，使其个性鲜明，视觉感官强烈。

在硬装材质上，以深浅色木饰面及石材为主，呈现一种温暖、舒适和细腻的肌理感；在软装配饰的材质搭配上，均与空间气质保持一致，运用低纯度的棉麻布料，金属质感的灯饰及艺术品。

在深色石材的衬托下，空间呈现出丰富的层次感。与此同时，搭配了光洁的瓷器和精致的玻璃，让其产生对比，既增加了空间材质的多样性，也使得空间越发沉稳内敛，精致优雅。

品位的生活，创新的文化

福州香开长龙售楼处

工程档案

项目地点 中国，福建，福州

竣工时间 2016年

设计单位 李益中空间设计

项目面积 750平方米

摄影师 郑小斌

主要材料 新土耳其灰大理石、艾德堡灰大理石、山西黑火烧面大理石、雪花白大理石、钢化玻璃、灰镜、古铜色拉丝不锈钢、墙布硬包、木饰面

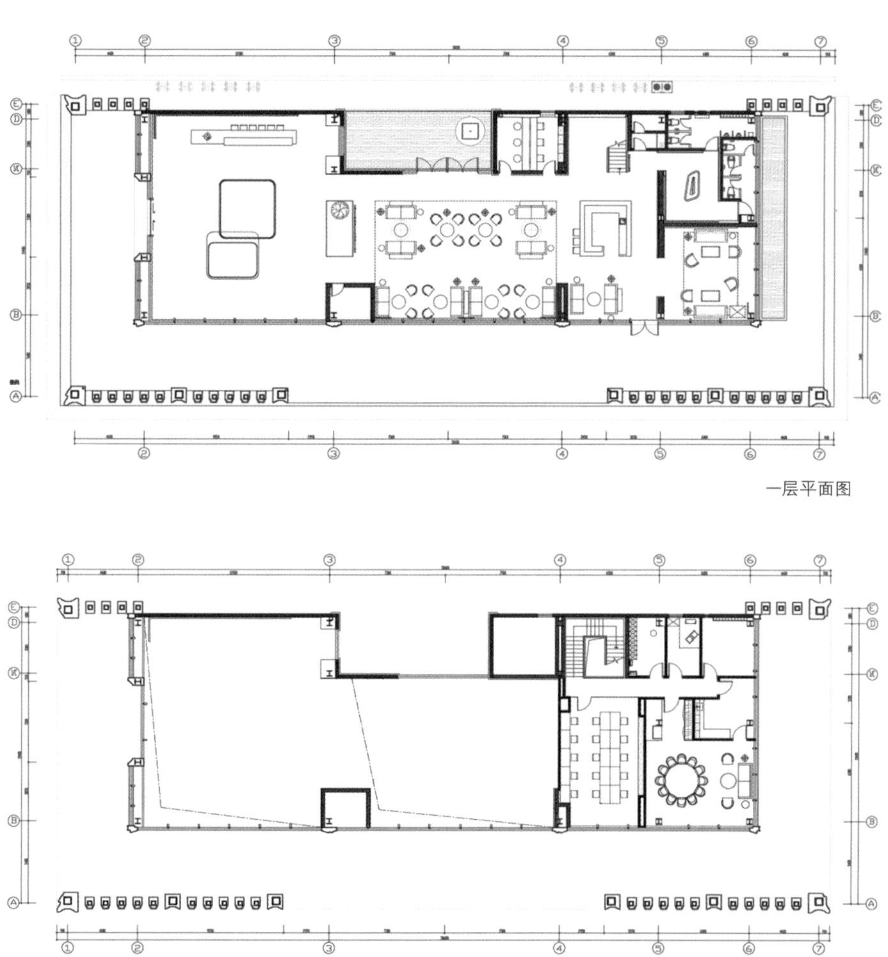

一层平面图

二层平面图

设计理念

干净利落的空间界面，永恒经典的黑白基调，点缀底蕴深厚的现代典雅元素。简洁的设计与古典的优雅在此碰撞，带来时尚轻奢的空间感受。色彩上追求干净、高雅，但又不失奢华。

長龍

设计说明

福州香开长龙售楼处位于海峡金融街，是福州未来海峡西岸城市发展的金融中心。客户定位于尊崇的体验，品位的生活，创新的文化。

对于空间的表达，现代、国际范、高端，是作为本案的关键词。干净利落的空间界面，永恒经典的黑白基调，点缀底蕴深厚的现代典雅元素。

简洁的设计与古典的优雅在此碰撞，带来时尚轻奢的空间感受。用灰白色烤漆板为基调，多用香槟金色不锈钢线条，体现空间的纯粹与雅致。对于空间的色调，设计追求干净、高雅，希望通过色彩给人时尚、优雅，又不失一丝奢华的视觉感受。

经典永恒的黑白配在软装布艺和皮革上表现得淋漓尽致，加以稳重的暖棕色及明亮的橘色做点缀，使整个空间层次丰富，个性鲜明。

心静思远，意境东方

沈阳中铁丁香水岸售楼会所

工程档案

项目地点　中国，辽宁，沈阳

竣工时间　2016 年

设计单位　风合睦晨空间设计

主设计师　陈贻、张睦晨

项目面积　1700 平方米

摄影师　孙翔宇

主要材料　灰木纹、白木纹、白麻、丰镇黑、济南青、马赛克、复合木地板、瓷砖、地毯、壁纸、软包、木饰面、白色乳胶漆

一层平面图

1. 儿童区
2. 吧台
3. 卫生间
4. 模特区
5. 休息区
6. 水景
7. 设备室
8. 接待区
9. 大厅
10. 门廊

二层平面图

1. 户外平台
2. 卫生间
3. 休息区
4. 财务室
5. 多功能室
6. 会议室
7. 总经理办公室
8. 办公室
9. 储物柜

设计理念

清雅含蓄、幽深清远、淡泊怡然的东方式神韵是设计师此次会所设计所要表达的和传统意义不同的东方风格，设计师将东方风格的自身形态、形式美感与精神意境通过自己的解读深入到创造的境界中去，为我们构筑出一个充满艺术灵性及自我感悟的空间设计作品。

中铁·丁香水岸
Clove Bayshore

设计说明

空间中自始至终渗透着“淡泊明志，宁静致远”的东方式精神内涵，同时又与中国传统“天人合一”的美学思想暗相契合。

通过使用当代文化的造型语言方式去寻求中国传统文化脉络延续设计中的以意取象，诠释着设计师独特而又不可取代的“禅意”情绪。每一种视觉元素都在设计师精心安排下释放出特有的灵性与诗情，满足我们内心存在已久的审美需求。

此套设计象征性的以符号化的探求向我们展示了更新的艺术格局，解构并重组了中式传统建筑中的“斗拱”结构，木制的桁架结构形成了空间中统一的造型元素而被巧妙的铺陈开来，特殊的结构形式构成了独特的空间格局；或恢宏、或平和、或高耸、或延展，空间节奏处理得跌宕起伏、游刃有余。具体地说，在此套设计中将那种散点式的、全景性的、可居可游化的传统山水画艺术格局完全地融入整体空间构成中去了。

设计中大胆地运用了白色抽象化的丁香花的视觉元素，让丁香花盛开在中央高耸挺拔的挑空空间，给人以一种新的审美意义的视觉形象，视觉上的冲击力加上东方式特有的艺术氛围让空间中的自然元素更加柔和地融合在了一起。

“心静、思远，志在千里。”无论从立意上，还是表现手法上，我们都能很好地感受到此空间巧妙融入传统东方文化和时代精神。它既是一种传承，亦是一种升华；它既汲取了东方文化的传统意境精髓，又致力于发展和倡导优质的东方式生活理念及人居合一式的现代设计精神。

三盛滨江国际销售中心

工程档案

项目地点 中国，福建，福州

竣工时间 2017 年

设计单位：广州共生形态工程设计有限公司

设计总监 彭征

设计团队 彭征、谢泽坤、马英康、郑瑾萱、许淑炘、李灿明、高颖颖、朱云锋

项目面积 2000 平方米

摄影师 广州共生形态工程设计有限公司

主要材料 大理石、黑色不锈钢、白色聚脲漆、黑镜、GRG、古铜色铝复合板

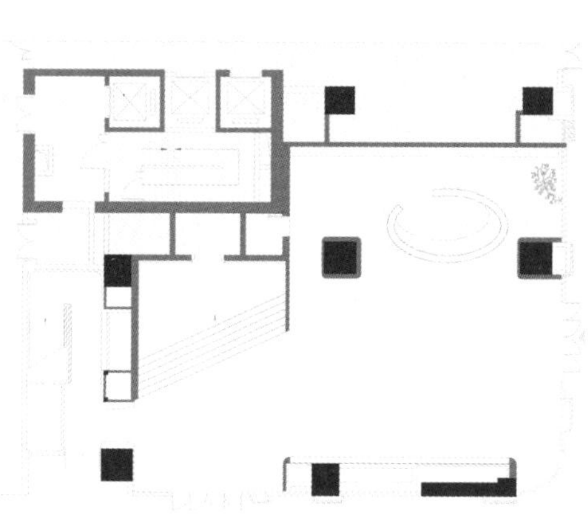

一层平面图

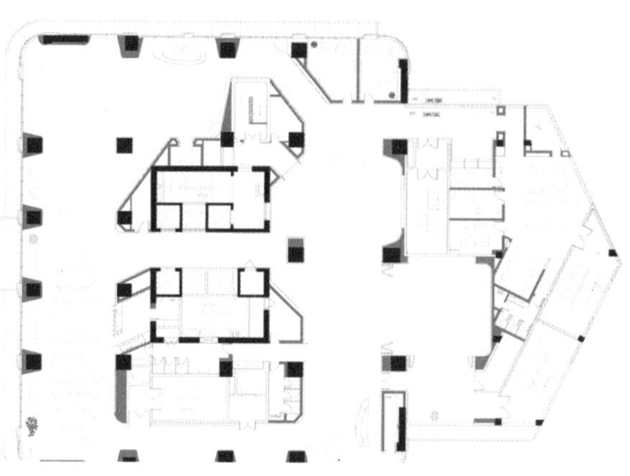

二层平面图

设计理念

该设计的“留白”让空间充满灵动和细腻的品质，以及随着光线的细微极差而不断变化的空间美感。设计师从“山水”中获得灵感，水平流动的线条在空间中自然舒展开来，合理的规划出各个空间功能和动线，横向展开的线条和精心经营的画面，如同传统的中国画横轴山水画，在多维一体的连续空间中步移景异，呈现出不同角度的美感。

设计说明

福州作为近代中国最早开放的通商口岸之一，海上丝绸之路门户，有着浓厚的历史文化底蕴和现代生活气息。本次设计的福州三盛滨江国际的项目，地处闽江之滨。近则一江相绕，眺远则远山含黛，明暗虚实相映。正是董其昌所谓“明者如觚棱勾角，暗者如云横雾塞”。在意象中抽离掉对岸现代化建筑，完全是无着彩色，只分浓淡，“画是有形诗”的南宗山水。

毋庸讳言，“现代设计”这个概念，本是源自西方，是工业文明的产物。其审美的基础便是“标准”。而东方美学的根源自农耕文明，是习惯和经验的延续，带有“悟”的禅学意味。它的表现显得情感不那么奔放，嗓门不那么高，力气不使得那么狠，颜色不着得那么浓。直如西方评论家的眼里所见，嘴里所说，恒谓之“空灵（intangible）”“轻淡（light）”“含蓄（suggestive）”。同样，若是放在东方（远东）传统美学的范畴，西方的作品又终嫌太着痕迹，不够惜墨如金。

同样，本土的文化在目前，甚至在可以预见的将来，必将被裹挟于代表“先进”的西方文化中。然而，因自身文化基因的遗传所造就的自尊心又必然使设计师在心理层面做下意识的抗争。其状态犹如把一块泥，捻一个你，塑一个我，一齐打碎再调和，来个你中有我，我中有你的你侬我侬。

WOMENS
MENS

售楼中心，作为一个公共空间，必然含有展示的气质——作为整个建筑的解剖切片，它要展现未来使用者与建筑本身、环境乃至社会的关系。设计师从“山水”中获得灵感，同时注重城市界面和基地的延续性，以最大化利用江景资源为原则，水平流动的线条在空间中自然舒展开来，合理的规划出各个空间功能和动线，横向展开的线条和精心经营的画面，如同传统的中国画横轴山水画，在多维一体的连续空间中步移景异，呈现出不同角度的美感。空间在开合、收放中自然地叙事，调动着参观者的情绪，以物理学中的“聚散效应”达到未来人员的分流，满足功能的同时最大化地丰富感官体验。

“白”让空间充满灵动和细腻的品质，以及随着光线的细微差别而不断变化的空间美感。又如同东方绘画中的“留白”，给观者留有想象的空间。留白与着墨，至妙且停，是为留些余味。尽管现代主义设计源自西方，但它最终会与当地的文化背景相融合而形成水乳交融的“在地化”沉淀。

心之所向，如是所安

深圳海境界展厅

工程档案

项目地点 中国，深圳

竣工时间 2016 年

设计单位 深圳毕路德建筑顾问有限公司

设计团队 刘红蕾、梁小梅、王庭、夏梦菡

建设单位 湾厦置业

项目面积 269 平方米

摄影师 欧阳云

展示中心平面图

1. 接待处
2. 休闲区
3. 酒吧
4. 功能室
5. 休息室
6. 设备间
7. 影音室
8. 会议室
9. 商务中心

设计理念

设计师以直白简练的语言，将原来的普通住宅重新塑造成一个亦庄亦谐的售楼展厅，不着一字而尽得风流。设计延续二期建筑体量的退进关系和块面旋转方式，室内墙面的几何形状重叠旋转，错位排列，微妙的灯光层次加深了空间的动态感，灯光方向增强了几何的抽象化，感官和视线被吸引带动，升华出整体纯净而统一的场景感和展示氛围。

设计说明

我想，总会有那么一个人，如我一样，站立在天地之间，我们隔着时空的距离，对视、共鸣。而这，于我便也足够。——《消失的地平线》

深圳蛇口，新型社区的建设方兴未艾。一街之隔的海境界一期和二期，相距五载，旧的尚未老去，新的已然升起。似乎对比的视角，新与旧之间相对存在，如何建立一种有效的联系，以化解“旧”的尴尬局面和呈现“新”的生活憧憬？

关于深圳的故事大多华丽，关于时间的讨论大多片面。颠覆固有印象和概念最好的做法，便是通过解构原语境，设置可供探讨的矛盾关系，焕发不同角度的思考。在不起眼的街角处，在有限的空间里，BLVD 设计师以直白简练的语言，将原来的普通住宅重新塑造成一个亦庄亦谐的售楼展厅，不着一字而尽得风流。

延续二期建筑体量的退进关系和块面旋转方式，室内墙面的几何形状重叠旋转，错位排列，微妙的灯光层次加深了空间的动态感，灯光方向增强了几何的抽象化，感官和视线被吸引带动，升华出整体纯净而统一的场景感和展示氛围。

受原本建筑结构墙的限制，展厅与商务接待各有入口。为了营造连续的空间体验，设计师对部分外立面进行了改造。玻璃幕墙面向主干道轻微旋转，自然地形成展厅入口，如精致的橱窗一样吸引人们的视线。外厅与影音室、模型室之间的通道由于结构墙的存在显得狭窄，设计师为此设置了台阶，增加了参观流线的趣味性。

展厅采用了先进的三恒空调系统，在保证空间环保性和舒适度之余，也带来如何解决散热器美观和散热需求的难题。为此，墙面材料选用了充满未来工业设计感的穿孔铝板。转角处的旋转肌理细节则使用 GRG 材质，以避免出现太多缝隙，从而达到极简素净的效果。

整体色调以白色为主。白色是最大的承载，以最开放的态度对待各种可能，最大程度地拥抱未来。极具动感的水吧和休闲椅，以亲切的姿态，鼓励客户和社区居民间的互动交流。连贯通透的各功能空间，经由不同形式的艺术品，转化为艺术现场。场所所

蕴含的另一种深刻而细腻的情感，亦随之隐约可以感知。随处可见的休息凳，精心陈设的艺术装置，既表达了“心之安处即为家”的生活态度，又创造了驻足思考的契机。

心之所向，无远弗届。如是所安，不畏将来，不念过往。在这解构了概念和定义的空间中，时空的边界就此消融，观者所能感受到的是生命律动和情感流转所带来的寂静和欢喜，是从容和淡然面对生活的勇气和智慧。

设计的复杂性和创造性体现于，从空间的角度来说，设计师不过是众多创作要素中最核心的一个，借由人为的创造，各种客观存在或偶然触及的元素得以整合，从而释放出纯粹自立的作品。海境界展厅正如它应有的样子，不仅展示了环保、现代、创新的企业精神，更随着使用者的探索和思考，转换成自由而宁静的精神空间。

服装饰品

北欧风

oce上海合生店

工程档案

项目地点 中国，上海

竣工时间 2015年

设计单位 立品设计

主设计师 郑铮

参与设计师 冯婷妹、姚丁凌、张国浩、吴泳蒽、曾敏冬

项目面积 2600平方米

摄影师 燕飞

主要材料 水磨石、水泥、木材

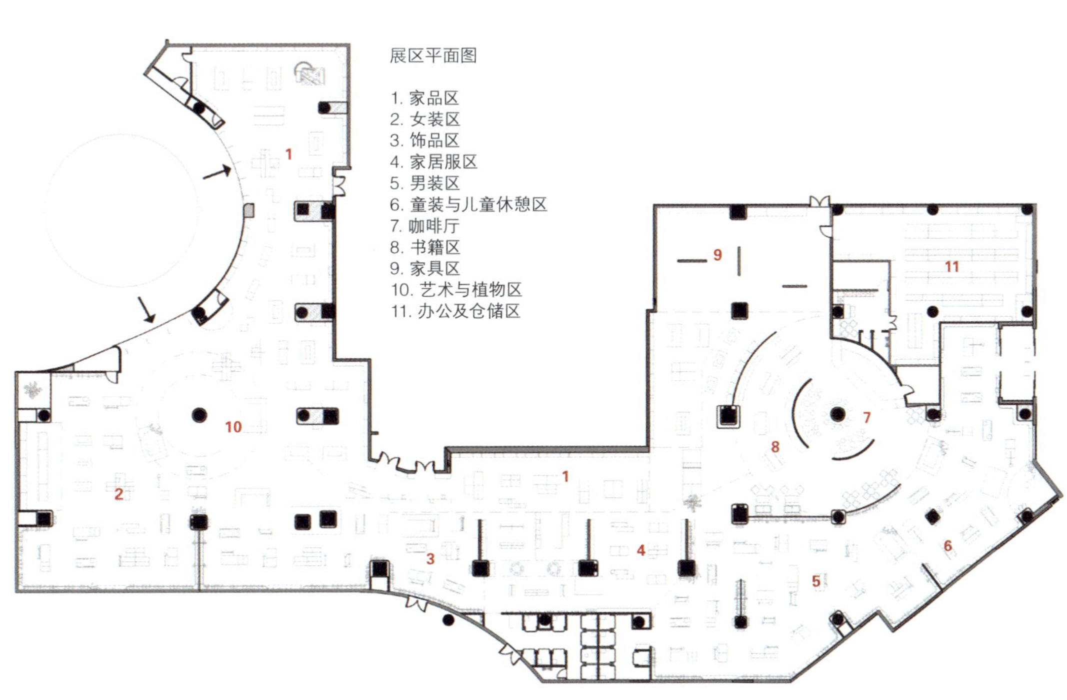

展区平面图

1. 家品区
2. 女装区
3. 饰品区
4. 家居服区
5. 男装区
6. 童装与儿童休憩区
7. 咖啡厅
8. 书籍区
9. 家具区
10. 艺术与植物区
11. 办公及仓储区

设计理念

该设计赋予了这个多业态、产品品类丰富的零售空间一个统一的氛围。运用简约的几何图形和高级灰 + 粉的色彩搭配为 oce 奠定了品牌基调。选取有机、自然的元素构成了符合现代北欧设计美学的空间，营造出轻松愉快的氛围。独特的产品陈列方式也成为空间中的亮点，北欧生活场景的呈现为进店顾客提供了带入式的立体品牌体验。

设计说明

oce生活体验馆试图用呈现完整生活场景的零售模式，充分利用线下店独有的体验基因，传达自然、舒适、放松的北欧生活方式。立品设计旨在通过对oce品牌的整体视觉规划和设计，为其消费者打造独特的购物体验，以满足人们在繁忙都市生活间隙中休憩放松的生理及心理需求，实现实体店优势的最大化。

零售品牌的购物体验是一个多维度的系统，品牌形象、空间氛围及产品陈列都是其必不可缺的要素。自2014年起，立品设计参与并主导了oce品牌的命名及全方位的体验设计；从平面视觉开始，运用简约的几何图形和高级灰＋粉的色彩搭配为oce奠定了品牌基调。

在全新的oce上海店中，如何赋予这个多业态、产品品类丰富的零售空间一个统一的氛围是设计师在空间与陈列设计过程中重点考虑的问题。

水磨石地面、水泥与木制的货架系统、细节中随处可见的弧形、点缀于空间各处的温暖色块，这些有机、自然的元素构成了符合现代北欧设计美学的空间，营造出轻松愉快的氛围；贯穿整个店面的绿植装饰和带有模拟天光的植物区同样在其中扮演了重要的角色；对室内照明的把控保证了各区域间光影效果的连贯性，并最终令2600平方米的空间得以统一。

围绕立柱而设的环形咖啡厅与书籍区是顾客动线的交汇点，在整体的空间中为顾客带来惊喜；粉红地砖、环形灯带及布艺家具增添温馨色彩，引导人们停下脚步，找回阅读与分享的感动。独特的产品陈列方式也成为空间中的亮点，北欧生活场景的呈现为进店顾客提供了带入式的立体品牌体验。

顾客穿过入口的渐变玻璃幕墙走进 oce，经过几何构成风格的橱窗及艺术装置，进入一个截然不同的世界，在设计师精心营造的氛围中感受独一无二的体验；人们在不同的功能分区中穿行，放松身心，获取来自北欧的生活灵感，享受购物的乐趣。

工程档案

项目地点 中国，浙江，杭州

竣工时间 2016 年

设计单位 唯想建筑设计（上海）有限公司

主设计师 李想

设计团队 刘欢、任丽娇、贾媛媛

项目面积 1850 平方米

摄影师 邵峰

平面图

1. OL 区
2. 潮女区
3. 名媛区
4. 森女区
5. 试衣间
6. DIY 区
7. 服务台
8. 收银台
9. 仓库
10. 橱窗

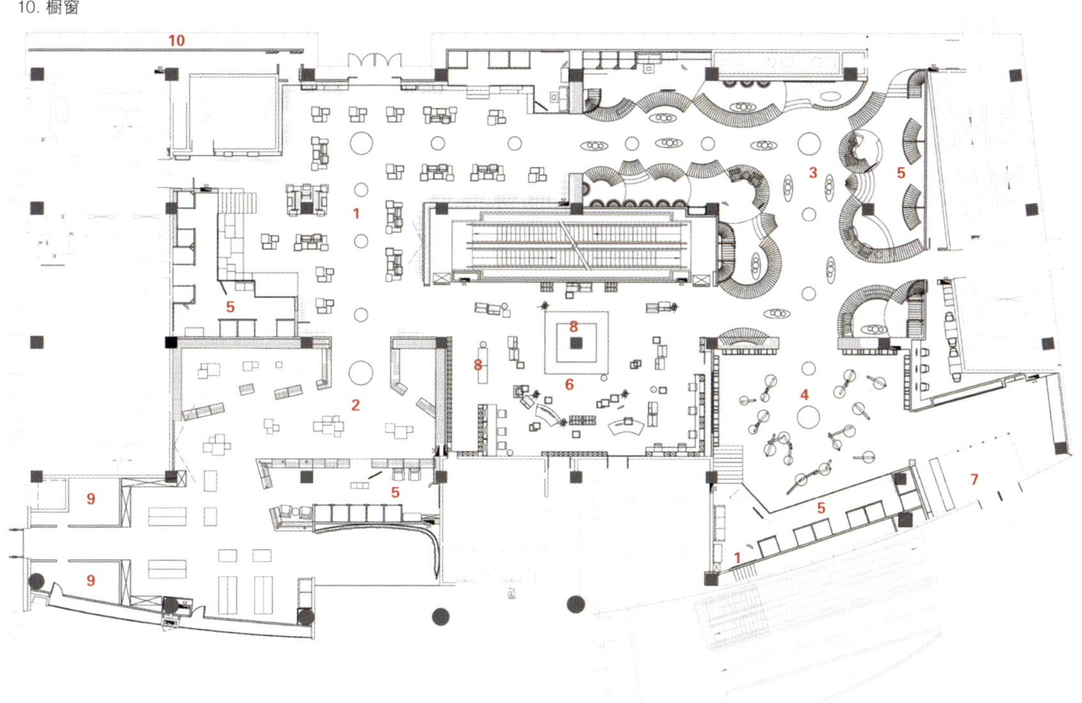

设计理念

设计师整合了女装品牌四大类型服装背后的社会与文化含义，将空间分为森女区、名媛区、OL 区、潮女区。通过四个空间的不同的设计手法演绎了女装背后的穿衣哲学，并且通过多种陈列的可能性创造了全新的购买体验感。同时，通过无处不在的屏幕，打造互联网时代的线下试衣体验。

设计说明

就试试衣间整合了天猫 top100 销售榜上的潮牌并且再通过买手在其中挑选最有代表性的 森女系列、名媛系列、OL 系列与潮女系列，店铺希望通过线下的体验感弥补现代网络购物带来的试装空虚感。

服饰作为人类特有的劳动成果，它既是物质文明的表征和成果，也具有精神文化的深刻意义 —— 服饰的演化史，从某种意义上说，也是一部感性化了的人类文化发展史。从服饰起源的那天起，人们就已将其生活习俗、审美情趣、色彩爱好，以及种种文化心态、宗教信仰，都沉淀于服饰之中，构筑成了服饰文化的精神内涵。

人类社会经过天生地养，以兽皮、棉麻裹衣的蒙昧时期；发展到空前鼎盛的手工针织业时代，现代快节奏的文明时代，以及更强调个体魅力的未来世界。设计师希望每个进入到这些空间的人，都能从中有所“收获”，甚至参与到其中。设计师从时代的变迁中提取出灵感要素，塑造了一个个令女孩憧憬的购装体验。

杭州就试试衣间，位于杭州星光大道商业街二期一楼的大门口位置。在主入口放置了一块醒目的大屏，每一位顾客都可以通过互联网与之互动，这也是就试试衣间最具特色的地方，通过无处不在的屏幕，打造互联网时代的线下试衣体验。

通过主入口区大大的门拱，进入到森女区。乳白色肌理墙面，白色地面，一个洁白干净的空间，支立着一根根竹竿并以麻绳做连接，而衣架也就此成型。穿衣镜则隐藏在两根竹竿的夹角立面上。空间明亮简洁并用古朴的材料来呼应该空间衣服类型的气质。

名媛区，一个个精致的金丝笼，衣架被放在金丝笼内外两侧，远看仿若被精心呵护的公主蓬蓬裙。高低起伏的弧形平台，增加趣味性的同时又不失活泼可爱。试衣间被巧妙地隐藏在弧形镜面的“蓬蓬裙”内侧。同时每个试衣间区域也提供梳妆、休憩、自拍区，等待着每一位公主。

OL 区，深灰色地板，混凝土艺术漆墙面，框架轨道灯让整个空间简练、稳重，点缀的壁炉、木饰面柔和了空间质感。每个衣架既是装饰线条又是多功能的衣架，形式与功能完美结合。

潮女区，大色块的撞色，彩色货架是由一根根铁杆折成的，在这个强调个性的空间，利用衣架的前后折度来分割成双面挂衣的结构，彩色与折线的拼织打造了幻彩个性的空间以呼应该空间里服装展现的个性。

设计师整合了女装品牌四大类型服装背后的社会与文化含义，通过四个空间的不同的设计手法演绎了女装背后的穿衣哲学，并且通过多种陈列的可能性创造了全新的购买体验感。

立体的杂志，活着的店铺

magmode 名堂

工程档案

项目地点 中国，浙江，杭州

竣工时间 2016年

设计单位 RIGI 睿集设计

主设计师 刘恺

项目面积 600平方米

摄影师 陈兵

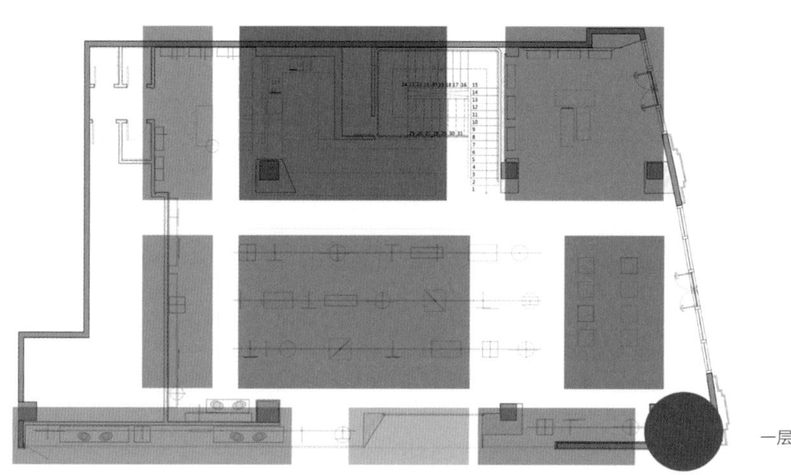

一层平面图

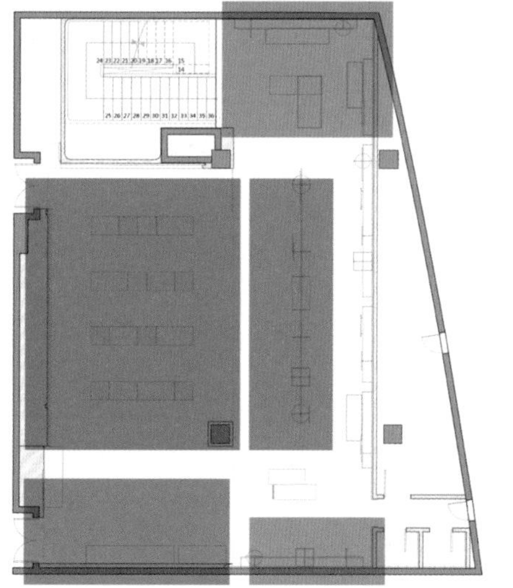

二层平面图

设计理念

该设计有一个统一的概念来表达整个品牌的逻辑——立体的杂志，可以阅读的店铺。空间的不同功能区被定义为杂志的不同板块，店招就是一个品牌的封面，而入口有一个当季设计的目录区，每一个展示区被定义成不同的页面，品牌背景墙被定义成杂志的当季简介。这一切的设计构成了一个统一的概念，一种统一的多元。

magmode 名堂

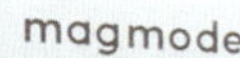
magmode
DESIGNER COLLECT SHOP
本季入选设计师
ARC ATELIER
DISCOVERED
FENG CHEN WANG
F.S.Z
HIUMAN
KENAXLEUNG
MATTITUDE
MEAGRATIA
OLD JOE
SEAN BY SEAN
SCYE

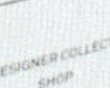
DESIGNER COLLECT
SHOP

SEAN BY
SEAN
01.
magmode

猿山修

设计说明

品牌有多种的表达方式，有单一调性的表达，也有多元化的呈现，这点和杂志相仿，杂志有统一的调性与价值观，通过不同的内容与读者建立联系，而品牌通过不同的产品与顾客建立联系，其中的逻辑性、更新性、连续性均有共同点。

magmode 是一个多设计师的集合品牌，需要统一的概念来表达整个品牌的逻辑，RIGI 在 magmode 的设计中，希望在终端中建立一个新的概念——立体的杂志，可以阅读的店铺。

RIGI 将空间的不同功能区定义为杂志的不同板块，店招就是一个品牌的封面，而入口有一个当季设计的目录区，每一个展示区被定义成不同的页面，像杂志一样在空间中提供不同的内容，及时更新的概念无处不在，品牌背景墙被定义成杂志的当季简介，这一切的设计构成了一个统一的概念，一种统一的多元。

空间是人在其中体验的容器，精准的表达品牌与空间的调性与理念，是最重要的。空间应该与人发生多元化的交流，即时的内容会让空间的形态与体验提供更多的可能。

magmode 名堂杭州概念店在近年国内实体店整体低迷的大环境中逆流而上，这是 RIGI 与 magmode 的一次对于中国未来商业模式的探索，文化生活方式在未来中国商业发展的可能性。

SEAN BY
SEAN
01.
02.

31
33
00
04
07
12
14
23
24
25
26
27
29
32
33
36
37
38
43
47
48
49
50

ONE ROOM
FEATURE
01

现代装饰中的中国风

金枝玉叶

工程档案

项目地点 中国，浙江，杭州

竣工时间 2016年

设计单位 杭州观堂设计

主设计师 张健

项目面积 150平方米

摄影师 刘宇杰

主要材料 木质、金属

一层平面图

1. 仓库
2. 更衣室
3. 枯景
4. 收银台
5. 组合中岛
6. 橱窗

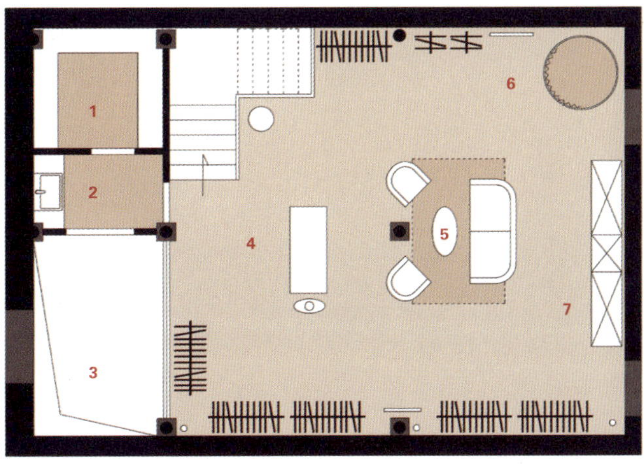

二层平面图

1. 仓库
2. 水吧
3. 天井
4. 精品柜
5. 休息区
6. 更衣室
7. 柜式货架

设计理念

设计师尽可能的尊重原建筑，将古老风格与现代装饰融合到一起。建筑是古老的，旗袍也代表着历史，室内设计便着重从现代着手。室内保留了建筑原有的梁木结构和木窗，将墙面平整刷白，简洁干净。用材上以金属为主，收银台、货架、道具、更衣室、软饰都选用金属，货架、道具、橱窗、楼梯则采用竖直线条为主，干净利落。

可微甜
LEAVESFASHION
107

LEAVES FASHION

设计说明

流水绕古街，小桥连老铺，清池围旧寨，800年后的南宋御街闹中取静，业主选此商铺，开设“金枝玉叶”高端旗袍定制店，丝绸与旗袍，结合现代审美，清新的中国风与杭州风。

建筑本身是具有一百年历史的杭州古老建筑，诉说着历史与沧桑，斑驳而美丽。设计过程中，设计师尽可能的尊重原建筑外立面，在可行范围内将店铺招牌悄然隐入。

建筑是古老的，旗袍也代表着历史，室内设计便着重从现代着手。一层地面以水磨石为主，二层则以地板为主，以示区分。空间上以金属衣架隔开，设有展示区、休息区和试衣区。室内保留了建筑原有的梁木结构和木窗，将墙面平整刷白，简洁干净。用材上以金属为主，收银台、货架、道具、更衣室、软饰都选用金属，货架、道具、橱窗、楼梯则采用竖直线条为主，干净利落。

屋外一小块空地也以绿植和石头装饰，古朴的门饰也与金属的装饰物相呼应，体现了中国风和金属感的融合。

黄金云下

POPPEE设计师品牌配饰集合店

工程档案

项目地点　中国，北京

竣工时间　2016 年

设计单位　木又寸建筑事物室

主设计师　常凯生

建筑师　常凯生、朱鹏飞、施新桐

照明设计师　王宏雷

项目面积　32 平方米

摄影师　李什么

天花板示意图

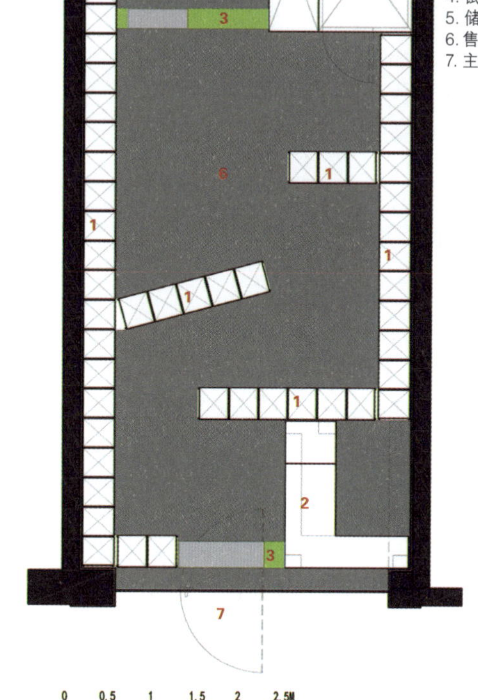

展厅平面图

1. 商品陈设区
2. 收银台
3. 景观种植槽
4. 试衣间
5. 储藏柜
6. 售卖空间
7. 主入口

设计理念

该项目空间上方采用了金属网云的设计，像素化之形体在高度上变化形成空间内部静止的动态。统一形态的展示盒子强化了专属于这一集合店铺的视觉形象。这一小型空间设计当中具体的空间语言呈现出微妙与独特的气息，在黄金云下构建的设计师品牌配饰集合店，促成了商业空间中人和物相遇的短暂、瞬间关系的一些有趣积聚。

poppee

设计说明

木又寸建筑事务室（Atelier Tree）被委托设计位于北京繁华地段三里屯的一间设计师品牌配饰集合店。客户期待将众多优秀独立设计师的配饰作品集合于这一空间展示与销售。

她们的梦想（品牌 Poppee）与配饰品呈现的精神气质像谜一样从内部生发，设计师将之凝结成一朵金色的云。静止之云，悬浮、柔软、外部有形于视觉而置身其中则将归于无限的缥缈和不可形状的面目；变幻之云，因光线之穿透或阻隔呈现色彩与透明的不同质感，又因时间推移模糊掉记忆片段之云的形状。

金色的金属网云被几何化定格在 3.9 米乘 8.1 米大小的房间上部，像素化之形体在高度上变化形成空间内部静止的动态。光线穿透云的身体，所经过之部位下降，凝固成配饰品展示盒子，并围合限定出新的空间格局。

一切当人出现之后而产生剧情，当顾客置身云中随即生发空间之谜思。时间轴上顾客的动线，使其与配饰品所在的展示盒子以及它们降落痕迹之上的金属拉杆的关系不断变换。视线的穿透或阻隔来自展示盒子、金属拉杆的空隙与重叠的层次。

顾客在这一微小空间探索中的体验将不断改变，因为置身其中，光线和时间促使这一静止的云在不断产生新的视觉形态，线形和点状的空间元素，模糊了体量与边界，这一微小场所因真正容纳了人而包容了人的感知强度和层次。

店铺的核心功能是展示不同品牌的手工配饰作品，设计师将之分别放置于小尺度的展示盒子中来表达对每一件作品的尊重。统一形态的展示盒子强化了专属于这一集合店铺的视觉形象。悬置的金属拉杆上预留三个高度层次的安装位置，用来适应不同高度商品展示的灵活需求。

在商业销售与展示功能的基础之上，木又寸建筑事务室再次思考了人和物和空间关系的状态。借由感性出发对设计对象（包括业主和产品）诉求的理解，自然物云之意向的理性与逻辑重构，这一小型空间设计项目当中具体的空间语言呈现出微妙与独特的气息。在黄金云下构建的设计师品牌配饰集合店，促成了商业空间中人和物相遇的短暂、瞬间关系的一些有趣积聚。

都市中的丛林冒险

MGS 曼古银零售空间

工程档案

项目地点 中国，广州，白云

竣工时间 2016 年

设计单位 立品设计

设计总监 郑铮

项目经理 陈常

视觉设计师 陈策御、黄杰宁

空间设计师 林婕、黄杰宁

项目面积 35 平方米

施工实施 广州市艺景装饰设计工程有限公司

摄影师 黄早慧

主要材料 水磨石材、灰色肌理漆、水泥、木质墙裙

平面图

1. 仓库
2. 高柜主题陈列区
3. DIY 试戴区
4. 高矮柜陈列区
5. 收银区
6. 嵌入式墙身陈列区
7. 综合陈列区
8. 中岛柜陈列区
9. 新品陈列区
10. 工匠主题开放式橱窗

设计理念

该项目从品牌视觉形象入手，以“都市中的丛林冒险”为概念，将设计概念延续至店面空间及产品陈列系统，为消费者打造全方位的立体体验。设计师为品牌的全新视觉形象加入写实风格的插画元素，为消费者的都市日常加入身临其境的丛林冒险体验。店面中的产品陈列系统及道具同样兼具品牌特性及品质感。

设计说明

设计的思考重点在于运用贴合时尚潮流的设计手法延续及强调品牌特性，挖掘品牌基因中的记忆点并使其更加符合新一代女性消费者的审美需求。

品牌产品强调手工印记，不对材料做特殊处理，保留银饰的原生态质感。受此启发，墙面使用灰色肌理漆并以木质墙裙及金属收边作为点缀，地面与展柜则采用自然的水泥及水磨石材质，营造天然、粗犷又不失精致感的空间调性，与产品相呼应。

设计师为品牌的全新视觉形象加入写实风格的插画元素，描绘东南亚热带丛林独特的生态环境与丰富的物种，试图为消费者的都市日常加入身临其境的丛林冒险体验。插画元素通过定制彩砖的方式运用到空间中，巧妙地为空间注入自然气息，有意强调品牌属地及特性，成为店面中的视觉惊喜与记忆点。

店面中的产品陈列系统及道具同样经过重新设计，兼具品牌特性及品质感，从消费者接触点的细节处强化品牌印记。在传统

珠宝店用于产品陈列的橱窗区域设置工匠区，展示制作银饰所用的精密工具及匠人的日常工作状态；让消费者在购物的过程中有机会看到手工饰品的创作过程，令消费者在独特的互动方式中获得完整、立体的品牌体验。

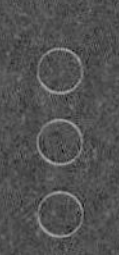

文化艺术

未完成的时光

若可生活馆

工程档案

项目地点 中国，福建，福州
竣工时间 2015年
设计公司 大成设计
主设计师 林开新
参与设计 胡晨媛
主要材料 白色大理石、白色烤漆板、枫木、彩色玻璃、肌理漆、木地板

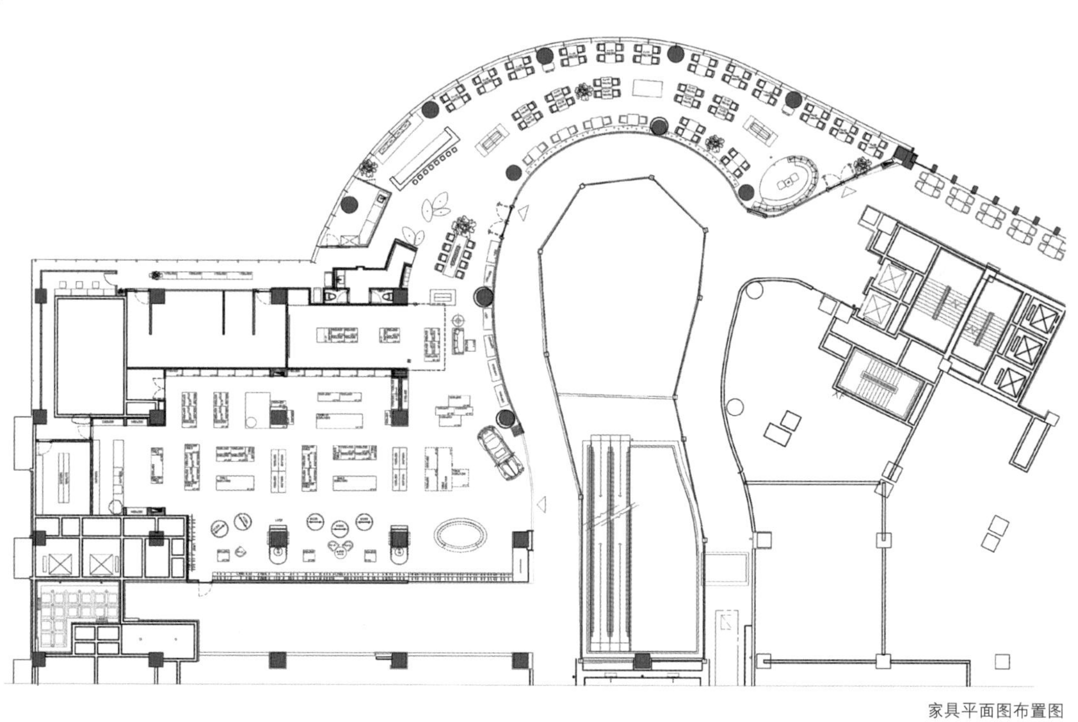

家具平面图布置图

设计理念

设计遵循生活海纳百川的特点，打破明确的风格界限，以自然坦率的方式，让每一个进去的人都可以在它敞开的怀抱中获得温馨的体验。散布在每个角落的绿植和书籍，则是对亲近自然、注重精神生活这种更精致的生活方式和生活态度的倡导。白色、蓝色、油橄榄、建筑圆柱等设计语言的运用，联系了整体空间。

设计说明

若可生活馆为本土气息浓厚的福州提供了一处开放、多元的文艺场所。LKK 团队接手该项目的设计，是和业主长期合作信任的结果。这次，业主希望通过生活馆把多元选择的生活态度和价值观透过服务传递给国内更多人。而以包容、平和、自然的方式营造有温度、有质感的体验，则是 LKK 和居实践一贯的主张。尽管仅有短短 1 个月的设计时间，共同的理念和深入地沟通最终还是保证了生活馆的正常开业。

这个由精品零售区、活动中心多功能区、西式餐厅和图书区组成的复合型生活体验馆，强调多元文化的融合。设计遵循生活海纳百川的特点，打破明确的风格界限，以自然坦率的方式，让每一个进去的人都可以在它敞开的怀抱中获得温馨的体验。散布在每个角落的绿植和书籍，则是对亲近自然、注重精神生活这种更精致的生活方式和生活态度的倡导。白色、蓝色、油橄榄、建筑圆柱等设计语言的运用，联系了整体空间，并对“自然情怀、生活艺术”做出了独特的阐述。

生活馆两侧均为玻璃墙，开放式的设计令位于商场建筑之外或楼层之内的客人都可以窥见空间内部的动态。设计合理安排了功能区，零售区和餐厅呈现出各具特色又相互连通的效果。原有的建筑圆柱被保留，并被漆成了蓝色和白色，裸露呈现在玻璃墙边上，在起到装饰作用的同时，保持了空间视觉的连续性。

零售区门口，一辆红色甲壳虫和旧式行李箱组成的装置艺术，表达了对 20 世纪时代经典的敬意。根据产品的不同，空间分为母婴区、厨具食品区、健康洗浴区、护肤品区、服装区，每个区域依据不同属性的产品定制了相应的陈列柜以作区分。形态不一的陈

列柜丰富了空间的视觉体验，白色和原木色的中性色调让人们把注意力集中在琳琅满目的产品上。以暖色调的木材为主，搭配少数漆白的钢板的材质选择，赋予了空间现代轻盈的气质。

零售区和餐厅中间的多功能厅成为两个功能区融汇交集的场所。曾经举办过的糖艺制作、花艺设计、圣诞节主题展览等，不仅让两个功能区的产品得以交互展示，还进一步增添了人们深入体验的好奇心。

餐厅集咖啡厅、西式餐厅、休闲酒吧于一体，设计在简约自然风格的基础上，多了一份浪漫和优雅。蓝色镶金边的大门带领客人进入“家”的场域，感受度假般的轻松和自在。延续店铺波浪形的地板设计和油橄榄绿植装饰，在蓝白相间的格子状天花板的烘托下，洋溢着自然的氛围。吧台的长度遵循了主厨的意见，旁边透明的西点操作间则为厨师提供了展示厨艺的区域。弧形展示架上的彩色玻璃色彩斑斓，作为对商场精品荟萃的形象的呼应，同时令空间充满活力。位于餐厅中间的操作台让客人既可体验制作美食的乐趣，也可观看厨师专业的烹饪过程。镶金边的白色大理石餐桌搭配白色木质餐椅，轻奢有度，让空间更显纯粹干净，并可根据不同的使用需求拼接组合。木质餐具盘、与彩色玻璃相呼应的彩色杯子、刀叉碰撞在大理石桌面上发出的清脆声音、每天更新的装饰花品、餐厅另一侧入口处设置的弧形书吧，每一个细节之处都是对美好时光的精心雕刻。

“对我们来说，若可是一个还未完成的作品，我们只是提供了故事发生的背景，总体的基调温馨文艺，随着产品和陈设的不断更新、各种活动的举办、客人的体验参与，故事的情节会更加丰富和让人充满期待，这正是设计的乐趣所在。”LKK 总设计师林开新兴味盎然地说道。

WOO
TUNG
BLOSSOM/
梧桐生

工程档案

项目地点 中国，湖北，武汉

竣工时间 2016年

设计单位 上海乾正建筑装饰设计有限公司（ARIZON乾正设计）

主设计师 申俊伟

项目面积 1000平方米

摄影师 申强

主要材料 木、水泥、硅藻泥、石、铁等天然材质

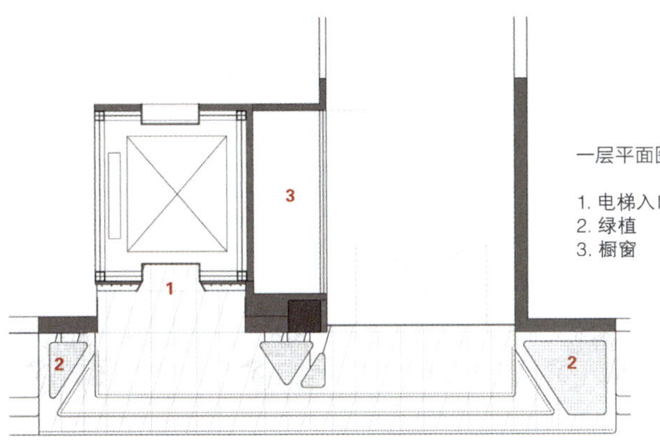

一层平面图

1. 电梯入口
2. 绿植
3. 橱窗

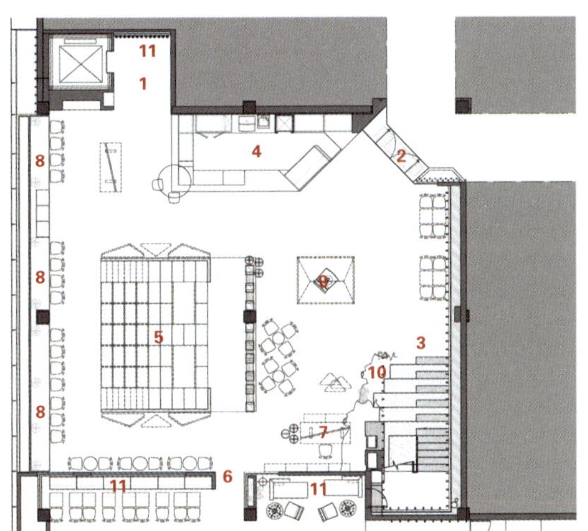

二层平面图

1. 电梯门厅
2. 通向商场出入口
3. 楼梯
4. 咖啡吧台
5. 多功能组合空间
6. 露台花园
7. 花艺
8. 单座区
9. 特别陈列区
10. 绿植
11. 绿植墙

三层平面图

1. 通向商场出入口
2. 沙龙区
3. 展厅
4. 创意空间
5. 信息站
6. 绿植墙
7. 厨房
8. 开放贵宾室
9. 茶室
10. 卫生间
11. 楼梯
12. 单座区
13. 服务台

设计理念

整个项目设计体现了 “光合影”的概念，光使简单的空间发生了丰富的变化，让三维空间出现多维幻影，光可以让空间变幻莫测，可以使环境神秘灵动。整个室内空间宛如树木一样，由树干般的柱子和枝叶般的屋顶构成，光影自然洒落，没有清晰的内外分别，室内直接通向室外，就如同庭院也是家的一部分那样自然，相得益彰。

设计说明

“凤凰鸣矣，于彼高岗。梧桐生矣，于彼朝阳。”古有“栽桐引凤”之说，诗人在这里用凤凰和鸣、梧桐疯长，身披灿烂朝阳来象征品格的高洁美好。“梧桐生”故此而来。

梧桐生是以当代生活美学为核心，涵盖家具、花艺、咖啡、简餐、茶道沙龙、展览、美学商品和美学生活的集合空间，是一间 “美学生活博物馆”。

做一个零售、餐饮、文化的集合馆在设计师申俊伟看来，不仅仅是一个商业空间，更是一个都市人发现美、寻找美的心灵庇护所。这个项目，申俊伟提出“光合影”概念，光使简单的空间发生了丰富的变化，让三维空间出现多维幻影，光可以让空间变幻莫测，可以使环境神秘灵动；树木给人类提供了赖以生存的空间，在人与自然的交集中，树扮演着不可替代的角色，树木中之佼佼者的梧桐高大挺拔，自古备受偏爱，而且常把梧桐和凤凰联系在一起。凤凰乃鸟中之王，而凤凰最乐于栖在梧桐之上，可见梧桐是高贵之地，所以今人常说：“栽下梧桐树，自有凤凰来。”因此在以前的殷实之家，常在院子里栽种梧桐，不但因为梧桐有气势，而且梧桐是祥瑞的象征。

通透的玻璃幕墙直接朝向公共区域，将商品展现在来往路人的眼前。内部壁面线条图案参考树木交织的自然印象，阳光、生命与活力、青春和现代风格设计的构思在此融合。设计和高端定制实现统一，散发着令人无法抗拒的魅力。

踏着石板台阶，映入眼帘的是梧桐生主入口，通透的光，从内陷的黑色石材洞口、门的两侧发出，像时空之门一般吸引着八方来客，带你到达另一个生活空间。树荫下，面对“天光云影共徘徊”的景致，尽显大隐隐于市的静谧之美，这里又是一处举办集市、聚会的好地方，不大的空间适宜聚集人潮，因为融入了户外自然风光而不至于感到局促，这很像一处私家宅院，可集会作乐，也可独自静坐听风，动静之间皆是风景。从室内顺着长廊延伸到庭院花园，再到围墙，墙外的远景就像一幅画，设计师以“借景”的方式，将远处的风景借入，使其成为室内景观中的组成部分。

二楼通过山坡花园（石板台阶）可达三楼，二楼的木格延绵而上，将人流自然向上引导。踏着石板阶到达三楼，这里是一处有光的广场，眼前的白代表一种“净”的概念。这里的艺术展，可以成为净化心灵的空间；这里的广场是一个可让人们聚会休息的空间，同时也是人们逃离城市喧嚣的地方，通过交织的树干洒进阳光雨露，走进自然，去呼吸自然的气息，一切都是那样的自如、随意；在这里，我们可以暂时摆脱一切烦恼，让思想进入一种脱俗而不羁的境界。

文化展、沙龙、信息站，这片开阔的场域能够提供每位客人再次驻足小憩，轻声慢语、沉淀心绪的优雅氛围，并最终以一种纯净本心悠游于浩瀚信息海洋，与自己对话，与朋友对话，与设计师对话……

一个新桃花源

苏州钟书阁

工程档案

项目地点 中国，江苏，苏州
竣工时间 2017 年
设计单位 Wutopia Lab 工作室
主设计师 俞挺
项目建筑师 张朔炯
照明设计 张晨露（格锐照明）
项目面积 1380 平方米
摄影师 艾清、毛盈晨、史凯程（清筑影像）
主要材料 穿孔铝板、不锈钢板、玻璃砖、EFTE 膜、瓷砖

平面图

1. 主厅
2. 艺术设计区
3. 阅读角
4. 咖啡厅
5. 帐篷阅读区
6. 儿童区
7. 储藏间
8. 行政管理
9. 推荐图书
10. 畅销书展示区

设计理念

苏州钟书阁为这座城市的人们提供了一个在庸常生活之上的新桃花源。入口展示区设计成一个水晶圣殿；推荐书阅读区，用对偶的手法，使黝黑的山洞和洁白的水晶圣殿形成了二元反差，大面积的落地玻璃幕墙带来了明亮的自然光线；在钟书阁的尽头是儿童阅读区，绚烂的颜色逐渐归于平淡，一个白色城堡浮现出来。设计充分利用了材料和照明的手段，将内部的彩虹呈现给了城市。

这次，书店老板希望钟书阁能成为一家伟大的书店，伟大的书店就是一个新世界。这个世界发光一般地存在。你会被吸引，阅读是如此美妙，引导你进入其中，看到你未曾见识的知识。

2012年，建筑师俞挺遇见了开书店的金浩老师，共同创造了第一家雄心勃勃的钟书阁，成就了中国最美书店的盛誉。2017年，钟书阁来到了苏州，在国内外众多知名书店扎堆的文化重镇苏州，钟书阁面临了新的挑战。是挑战，也是机遇，在第一家最美书店的五年后，钟书阁正需要一家崭新的书店，为中国最美书店做出第二次的宣言，继续引领时代。

苏州钟书阁为这座城市的人们提供了一个在庸常生活之上的新桃花源。

“忽逢桃花林，夹岸数百步，中无杂树，芳草鲜美，落英缤纷”

新桃花源的入口是一个水晶圣殿。这里是新书展示区，当季的新书放置在专门设计的透明亚克力搁板上，一本本图书仿若飘浮在空气中，在纯粹的玻璃砖灯光墙的映衬下，散发着纯净、神圣的光辉。这里除书之外，再无余物。读者被吸引、被不知不觉的引导而入，徜徉在知识的桃花林中，开始美妙的阅读之旅。

“林尽水源，便得一山，山有小口，仿佛若有光”

走过水晶圣殿，是推荐书阅读区。设计师用对偶的手法，使黝黑的山洞和洁白的水晶圣殿形成了二元反差，就仿佛阅读时候的状态——有时喜悦、有时沮丧；有时安详、有时迷茫。山洞并非完全漆黑，光导纤维的星光犹如萤火虫般在周围闪烁，激励着读者继续探索和前行。

“复行数十步，豁然开朗，土地平旷，屋舍俨然”

萤火虫洞的出口处，大面积的落地玻璃幕墙带来了明亮的自然光线，空间至此也豁然开朗。设计师尊重原始环境，顺应着空间和光线的变化，在这里布置了收银台和咖啡吧，作为读者来到桃花源中央世界的歇脚之处。经过咖啡吧，空间转折，读者就进入了主要的图书空间。这是一个抽象过的具有中国传统特色的山水世界。设计师用多元的几何手法，利用书台、书柜、台阶等使用需求，创造出悬崖、山谷、激流、浅滩、岛屿和绿洲。在主要空间的设计中，他们又非常注意营造不同层次、不同尺度、不同动静的读书空间——这里有流动的空间，也有安静的角落；有开放交流的场所，也有一个人静心阅读的围合。读者可以一个人、几个人、一群人，坐着、躺着、站着，陶醉在阅读中。带有花瓣图案的穿孔铝板形成了薄纱般轻盈剔透的彩虹，流动在原本方正的空间中，用曲线自然地划分出艺术设计、进口原版等细分图书区。在这一道彩虹的映照之下，四周都仿佛安静了，再喧闹的市井依然可以安静温暖地读书。时间仿佛流水缓慢地流淌，冲刷掉你偏见的坚壳，你在阅读中新生，在钟书阁的世界中新生。

“黄发垂髫，并怡然自乐”

在钟书阁的尽头，绚烂的颜色逐渐归于平淡，一个白色城堡浮现出来。这个椭圆形的城堡是钟书阁的儿童阅读区。这是一个属于孩子的城市剧场，由正反建筑和 ETFE 膜组成的一个半透明的迷你城市，建筑小屋互相穿插，高低错落，组成了丰富、很有参与性的趣味空间。孩子们在“城”里自由穿越、攀爬、嬉戏，白色半透明的外部界面轻轻地呵护着这片赤诚的天地。

设计师无法对建筑外立面进行更改，但在设计中，对于外部视线的重视度，和内部体验同等重要。整个桃花源的设计理念，设计师在街角看到基地的那一刹那，就诞生了。在不能碰触外立面的严格限制下，他们充分利用了材料和照明的手段，将内部的彩虹呈现给了城市。

结语

“那天，我站在街角，看着钟书阁，这书店就是屹立在时间和平庸的汪洋大海里的灯塔，我不得地想到‘每个人的生命中，都有最艰难的那一年，将人生变得美好而辽阔……’最后这一切都是值得的。”——俞挺

贺庆号茶馆

工程档案

项目地点　中国，广东，深圳

竣工时间　2017年

设计单位　深圳市上源艺术设计有限公司

项目面积　200平方米

摄影师　深圳市上源艺术设计有限公司

主要材料　拉丝清古铜金属、科定木纹板、麻布、文化石、烤漆、夹丝工艺玻璃、艺术吊灯

平面总图

1. 背景墙
2. 产品展示
3. 廊道
4. 小形象
5. 半通透隔墙
6. 专用茶杯陈列区
7. 收银台
8. 开放茶台
9. 活动屏风
10. 休息室
11. 包间
12. 开放大厅

设计理念

该设计在东方意境中融入中国传统圆茶文化元素——七子饼茶文化。空间墙面多以竖向的划分结合模块化的处理方式，横向以多个圆元素贯穿整个空间，从而赋予了物质空间以精神场所的意义。茶馆试图通过原始材料的结合为建筑空间带来不一样的力量感与雅致，创造出带有新生活方式又富有诗意的茶文化空间。

设计说明

贺庆号茶庄位于深圳罗湖，面积约200平方米，集体验销售于一体，在东方意境中融入中国传统圆茶文化元素——七子饼茶文化。

七子饼茶——在云南少数民族文化中，“七”是吉祥数字，象征多子多福，七子相聚，圆圆满满。空间墙面多以竖向的划分结合模块化的处理方式，横向以多个圆元素贯穿整个空间，从而赋予了物质空间以精神场所的意义。

场所精神象征着一种人与特定空间生动的生态关系。人从场所获取，并给场所添加了多方面的人文特征。无关空间大小，若没有被赋予人类的爱、劳动和艺术，则不能全部展现潜在的丰富内涵。

茶馆试图通过原始材料的结合为建筑空间带来不一样的力量感与雅致，创造出带有新生活方式又富有诗意的茶文化空间。

拥有双面通道和古朴素雅的色调是茶馆最大的特点。采用拉丝清古铜的钢雕花半通透屏风分区，延续了空间静怡、谦和的气质。从格局规划到室内效果整体化设计，以常见的木纹、砖、石、竹和中国红，构建出空间围合的同时营造出朴素、天然而静怡的气场，创造了可以接待、品茶、产品展示、观赏、聚会等丰富的空间。通过廊道、圆拱、窗洞和过道石板的巧妙布局让人像游走于园林般，隔而不断，移步换景。家具、灯具、茶具、陶瓷品和挂饰等每个器物都是空间最合适的伴儿。人、空间、材料还有器物之间达成了最好的状态，四者自然地产生了化学反应——这是努力表达的茶空间美学与禅场域精神。

君子不器

不器斋艺术中心

工程档案

项目地点 中国，湖南，长沙

设计单位 鸿扬集团陈志斌设计事务所

竣工时间 2015年

项目面积 900 平方米

摄影师 管盼星

主要材料 丁字湾麻石、铜官窑青砖、浮雕木纹生态板、楠竹帘、亚麻墙布、白墙漆

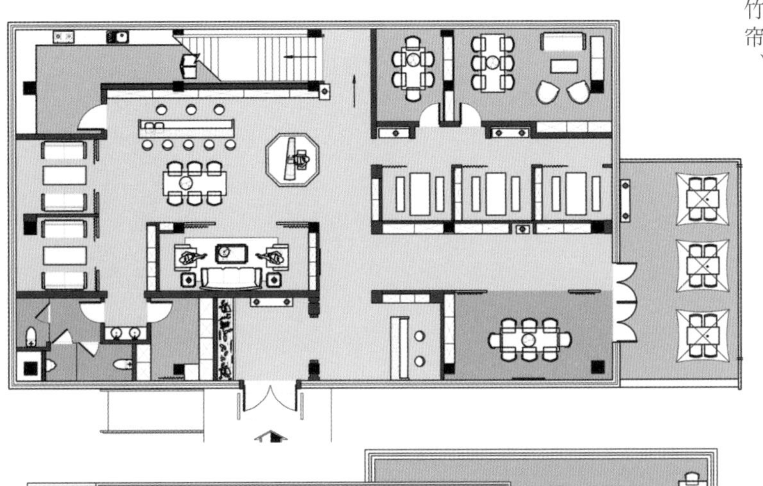

一层平面图

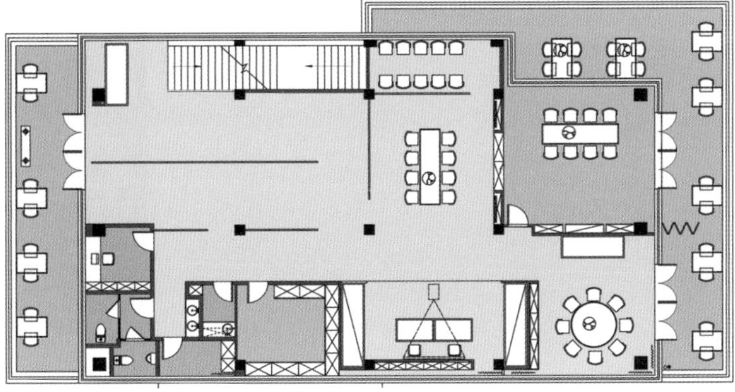

二层平面图（展览）

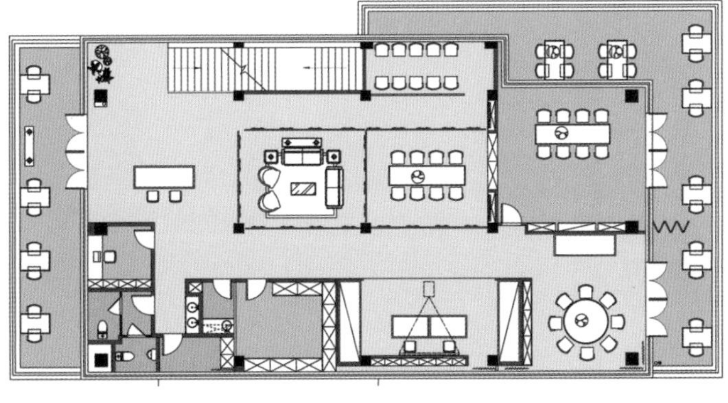

二层平面图（聚会）

设计理念

设计以雅致的空间、流畅的动线、私密的分隔、灵动的展厅、浑厚的包厢为主要特点；配以定制古树茶、原生态素食，以艺术爱好者为研究对象，研究其在空间中体验、感受。尽力打造一个湖湘文化的时尚表达方式，感受湖湘文化的魅力。

设计说明

孔子曰 “君子不器”，意思是，君子心怀天下，不能像一件器具那样，作用仅仅限于某一方面只有某一特定的用途，而应当志于道，从万象纷呈的世界里悟道，寻找规律。异曲同工的是《易经·系辞》说：“形而上者谓之道，形而下者谓之器。”道是无形的，器是有形的。器泛指一切有形的物质；而道，是所有器物所存在、运动、发展的规律，是无形抽象的。无形的道，恰好就存在于有形的器物之中。

命名为不器斋，就是带着问道之心，在当代新经济形势下寻求新的艺术商业化模式。以打造湖湘首席文化艺术传播与交流机构为梦想，策划定期推送本土艺术资讯、艺术鉴赏、展览信息、艺术活动，为艺术爱好者提供有高度的艺术化生活，致力于为中产阶级提供学术性、原创性的艺术及衍生品。以当代互联网思维为基础，以微信自媒体为平台，打造线上传播、线下体验，线上线下互动、聚合客群关注，推动转化销售的模式。品茶用餐的空间被文化艺术气氛所浸润，十二位书法艺术家《心经》展如同高山流水等待知音，包括字画瓷器、书画条幅、笔墨纸砚、金石拓印、特制茶具、古树茶叶等均可出售，只要艺术爱好者有心，就会有人上前介绍其中艺术奥妙，喜欢即可购回收藏。把商业做得雅致，商人化为文人，做艺术的商业，成就商业艺术。

在阳光100后海湖畔的商业街，飘浮着熠熠生辉的玻璃盒子，带着几分包豪斯的风骨，更有着当代建筑的新锐和灵动，居中的便是不器斋艺术中心所在。作为线下实体旗舰店，以雅致的空间、流畅的动线、私密的分隔、灵动的展厅、浑厚的包厢为主要特点；配以定制古树茶、原生态素食，以艺术爱好者为研究对象，研究其在空间中体验、感受。尽力打造一个湖湘文化的时尚表达方式，感受湖湘文化的魅力，可静赏佳作亦可小憩品茗，享素食佳肴，守一方净土。

空间次序安排一楼为主入口、接待前台、公共茶艺区、包厢区、吧台制作区、厨房后勤区；二楼为艺术展示区、文化沙龙区、文化 VIP 区、管理运营及库房区。材质以本地的丁字湾麻石、铜官窑青砖、浮雕仿木纹生态板和亚麻墙布为基本材料，空间尽量保持通透流动，确保每个场所都有景可看，有湖可赏，为品茗用餐带来视觉美感和心灵梵净。以麻石垒筑的凹凸景观墙面和石库门，在时尚玻璃盒子中加注分量感，并且以质朴的素材融入湖湘情境。青砖按照密檐塔的砌筑法，把传统手工的经典呈现在玄关背景之中。木制品以打理方便、经久耐用为原则，挑选浮雕仿木纹生态板，不易变形、防潮防霉，并且能还原比较高的木纹色润与肌理。亚麻墙布则以简约的手法铺在包厢和展示空间。

二楼展示空间是非常灵活的，可以收叠的屏风板藏在柜中，需要做艺术展示时，推拉出来，以任意的形态随心所欲的分隔、挂画、展示，极大推升了原有收叠屏风的用处，形成不器斋艺术中心展览空间独特创意、随心创意的艺术核心，艺术展示空间与文化沙龙区形成子母空间，与之互动，静赏结合对谈，沙龙结合画展，动静相宜。文化 VIP 区以高端茶艺为主，配以古琴音乐、香道艺术、雕刻金石艺术，提供了高端艺术人士雅集欢聚、艺术探讨、专业访谈、贵宾休憩的静谧空间。

大隐精舍

工程档案

项目地点　中国，上海
竣工时间　2017年
设计单位　上海善祥建筑设计有限公司
主设计师　王善祥
设计团队　王善辉、李哲、黄国峰
项目面积　620平方米
摄影师　Somewhats、王善祥
主要材料　橡木、花岗石、瓷砖、乳胶漆、玻璃、宣纸

平面图

1. 包间
2. 散座区
3. 休息区
4. 演出厅
5. 卫生间
6. 储藏室
7. 操作间
8. 收银台
9. 书店区
10. 入口庭院

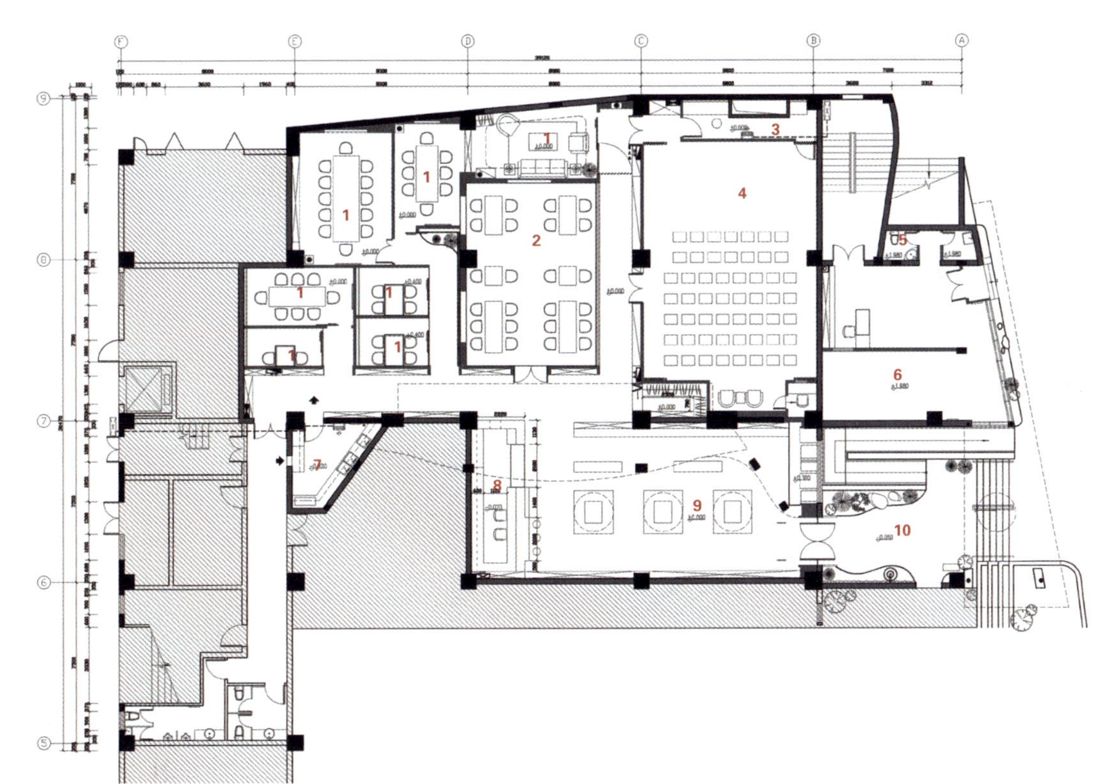

设计理念

该项目是把书店、茶馆和演出，包括沿街的咖啡店，四者放在一起的一种业态重新组合。设计师采用了新中式的设计手法，使空间具有合理的功能配置，舒适的尺度把握，优雅的空间气氛。通过方案的反复推敲和设计师对中国传统及当代设计文化的积淀，该设计在具有中式风格的同时又不落于俗套。

"精舍"

中文的"精舍"二字，是古代修行人居住、讲学、修行的地方，也许是庙堂楼阁，也许是茅草棚屋。古代印度有，中国也有，其他国家其实也有，并无明确分界。是使人的身体和灵魂升华的场所。这是精舍与技能学校、休闲会所、娱乐场馆的最大区别，但同时多多少少又具有这类功能。具有合理的功能配置，舒适的尺度把握，优雅的空间气氛，但同时又不奢华、不俗气、不浪费，度的把握是"精"字的灵魂所在。

融合

今天是一个融合时代。如今的很多行业都在重新进行业态组合，菜还是原来的菜，做法不同，装的器皿不同，其味道就会大大不同。这次项目是把书店、茶馆和演出，包括沿街的咖啡店，四者放在一起的一种业态重新组合。客人首先进入的是书店空间，在看书的同时会发现内部还有茶馆和演出厅。来喝茶观演的客人也可以看书购书。因此，几种业态的空间调性在充分表现出各自差别的同时要能融为一体，也就是需要有变化还要有统一。

空间坐落于上海白玉兰剧场的地下一层。地下层空间有独立安静的优点，但也有缺少自然光，通风不好的不足。在沿街还有一个小空间，与地下空间无法连通，业主将之作为一个小咖啡店经营，但其设计风格与主体空间进行了统一，其沿街立面形成了地下主体空间的主要门面。几个分区内部根据现场情况做了分布。由下沉小庭院（其实是个门厅）首先进入书店区，这里建筑顶很低，尤其是局部楼上是剧场的下沉水池。根据分区，所需面积进行了空间划分，同时高低不同的天花也强化了空间的节奏变化。高尔基说："书籍是人类进步的阶梯。"精舍的书店部分正是这一精神的体现。

穿过书店进入茶区和演出区，这里建筑高度较高，于是在茶区散座区和较大的包间做了坡屋面吊顶，营造了一些传统建筑的空间特征。演出厅则融合了观演、会议、禅修、展示等多功能的空间特点。由于地下空间几乎没有自然光线，因此采用了很多浅色的材料和色彩，并设计了一些透光形式的 "窗户"以打破空间的沉闷。茶空间渲染了浓郁的禅意氛围，以体现出"禅茶不二"的观念。

中式

随着中国传统文化的逐步复兴，近些年社会上出现了不少被称为“新中式”“新东方”或“简约中式”的空间设计。在与现代设计融合后，把中国设计的传统又在向前延续。但是也有问题摆在设计师面前，也就是开始同质化的问题。在强大的设计国际化的潮流面前，“新中式”仍然是种弱势文化，如果没有典型特征，很难辨识出中式风格，这是个矛盾难点。通过方案的反复推敲和设计师对中国传统及当代设计文化的积淀，如何在具有中式风格的同时尽量不落于俗套，是这次设计的重点。说穿了，就是抓住同类的微差，体现出设计功力，做出这类空间的境界。

遗憾

设计是一门遗憾的艺术。比如外立面的钢结构屋檐由于种种原因，未能全部按图实现。室内部分在方案确定并开工后，业主接受了一些零碎的建议，打乱了原设计的整体系统性。施工期间在没与设计师商议的情况下做了不少的改动，还出现了一些诸如空调风口与设计意图无关、灯具安装杂乱等低级问题，效果有不少欠缺。这些都因为一个完整的设计系统被打乱，现场不再遵从设计师的设计，细部实施失控，最终此类项目同质化的典型特征还在，但有一些细微的精彩处并没体现出来，这使客户的店铺空间形象没有做到出类拔萃。为此，设计师替业主感到几分惋惜！

索引

图书在版编目（CIP）数据

中国印象. 商业展示空间 / 陈卫新编. 一 沈阳 ：辽宁科学技术出版社，2019.1
ISBN 978-7-5591-0622-3

Ⅰ. ①中… Ⅱ. ①陈… Ⅲ. ①商业建筑一室内装饰设计一中国 Ⅳ. ① TU238.2

中国版本图书馆 CIP 数据核字（2018）第 016550 号

出版发行：辽宁科学技术出版社
（地址：沈阳市和平区十一纬路 25 号　邮编：110003）
印 刷 者：上海利丰雅高印刷有限公司
经 销 者：各地新华书店
幅面尺寸：185mm×250mm
印　　张：16
插　　页：4
字　　数：200 千字
出版时间：2019 年 1 月第 1 版
印刷时间：2019 年 1 月第 1 次印刷
策 划 人：赵毓玲
责任编辑：杜丙旭 李　红
封面设计：关木子
版式设计：何　萍
责任校对：周　文

书　　号：ISBN 978-7-5591-0622-3
定　　价：138.00 元

编辑电话：024-23280070
邮购热线：024-23284502
E-mail: mandylh@163.com
http://www.lnkj.com.cn